清式營造則例圖版

梁思成 著

五洲传播出版社

图书在版编目（CIP）数据

清式营造则例图版 / 梁思成著. -- 北京 : 五洲传播出版社, 2022.1

ISBN 978-7-5085-4710-7

Ⅰ. ①清… Ⅱ. ①梁… Ⅲ. ①建筑史－图解－中国－清代 Ⅳ. ①TU-092.49

中国版本图书馆CIP数据核字(2021)第206847号

著　　者：梁思成
出 版 人：关　宏
责任编辑：梁　媛
装帧设计：青芒时代　张伯阳

清式营造则例图版

出版发行：五洲传播出版社
地　　址：北京市海淀区北三环中路31号生产力大楼B座6层
邮　　编：100088
电　　话：010-82005927，82007837
网　　址：www.cicc.org.cn,www.thatsbook.com
印　　刷：北京市房山腾龙印刷厂
版　　次：2022年1月第1版第1次印刷
开　　本：787mm × 1092mm　1/8
印　　张：7.5
字　　数：10千
定　　价：88.00元

导言

梁思成的《清式营造则例》一书脱稿于1932年3月。起初，梁思成研究的是成书于北宋元符三年（1100）的《营造法式》。然在对北京所存古代建筑做了细致调查后，梁思成发现大多古建筑为明清时期的，并未发现宋、辽时期的建筑遗构，因无实例与《营造法式》互相印证，研究工作陷入困境。

朱启钤便把历年所收藏的明清史料、典籍，尽数交由梁思成学习研究，希望他能通过对明清时期建筑营造的学习研究，重溯唐、宋建筑的营造技艺。且当时清宫匠作、耆老尚在，技艺传承尚未断绝，整理与研究明清时期的营造方法，同样尤为重要。这一建议得到了梁思成的认同。

多少个日夜，梁思成奔波于清宫匠作、耆老之间，向他们请教匠作术语，翻阅各种明清营造典籍，最终著就《清式营造则例》。这部著作以清工部《工程做法》及《营造算例》为基础，通过整理，配以插图汇编而成。

本次出版的图册即为《清式营造则例》的插图，总计28帧，其中包含4帧彩图、24帧墨线图。出版本套图册，意在列举出明清建筑各部构材名称及详样，所以并未涉及各部件之间的具体尺寸。由于各匠师对营造术语的叫法不同，梁思成在图版中做了一些通俗化梳理。若需深入了解，还请参考《清式营造则例》的图表部分。

面濶進深圖

九檩单簷廡殿作例

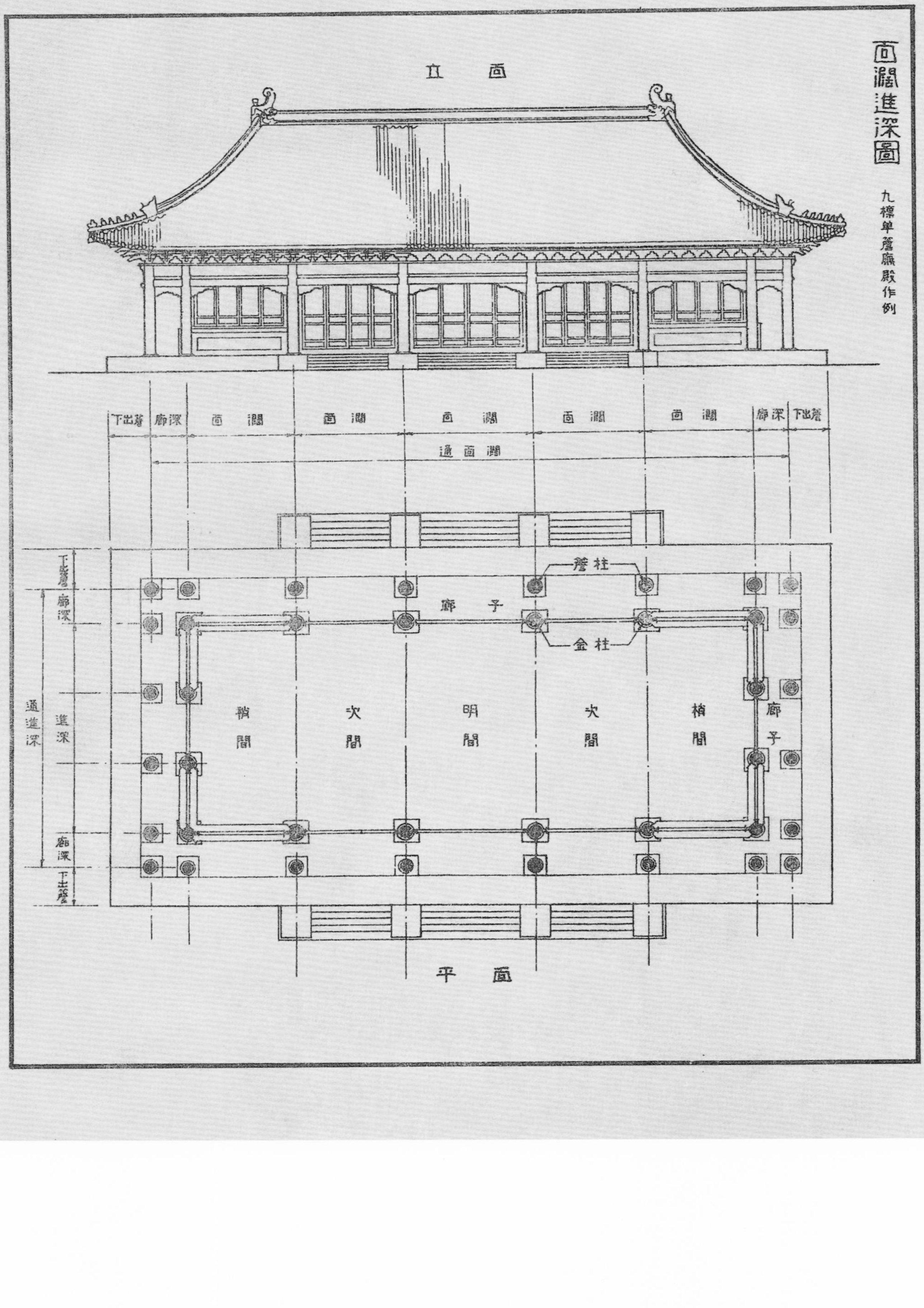

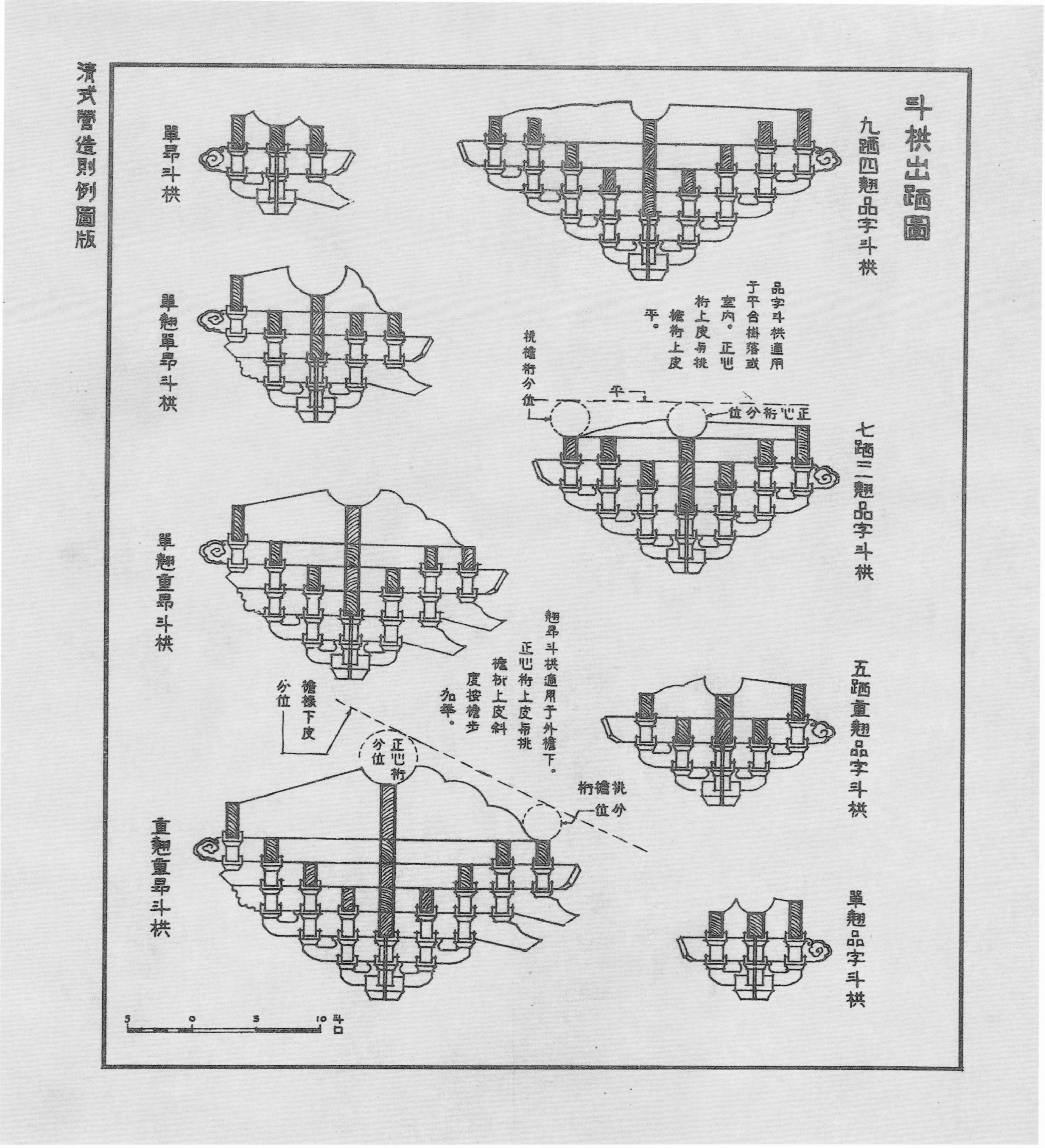
清式營造則例圖版
斗栱出踩圖
九踩四翹品字斗栱
品字斗栱適用于平台樹落或室內。正心桁上皮与挑檐桁上皮平。
挑檐桁分位
平
正心桁分位
七踩三翹品字斗栱
五踩重翹品字斗栱
單翹品字斗栱
單昂斗栱
單翹單昂斗栱
單翹重昂斗栱
翹昂斗栱適用于外檐下。正心桁上皮与挑檐桁上皮斜度按檐步加举。
檐椽下皮分位
正心桁分位
挑檐桁分位
重翹重昂斗栱
5 0 5 10 斗口

清式營造則例圖版

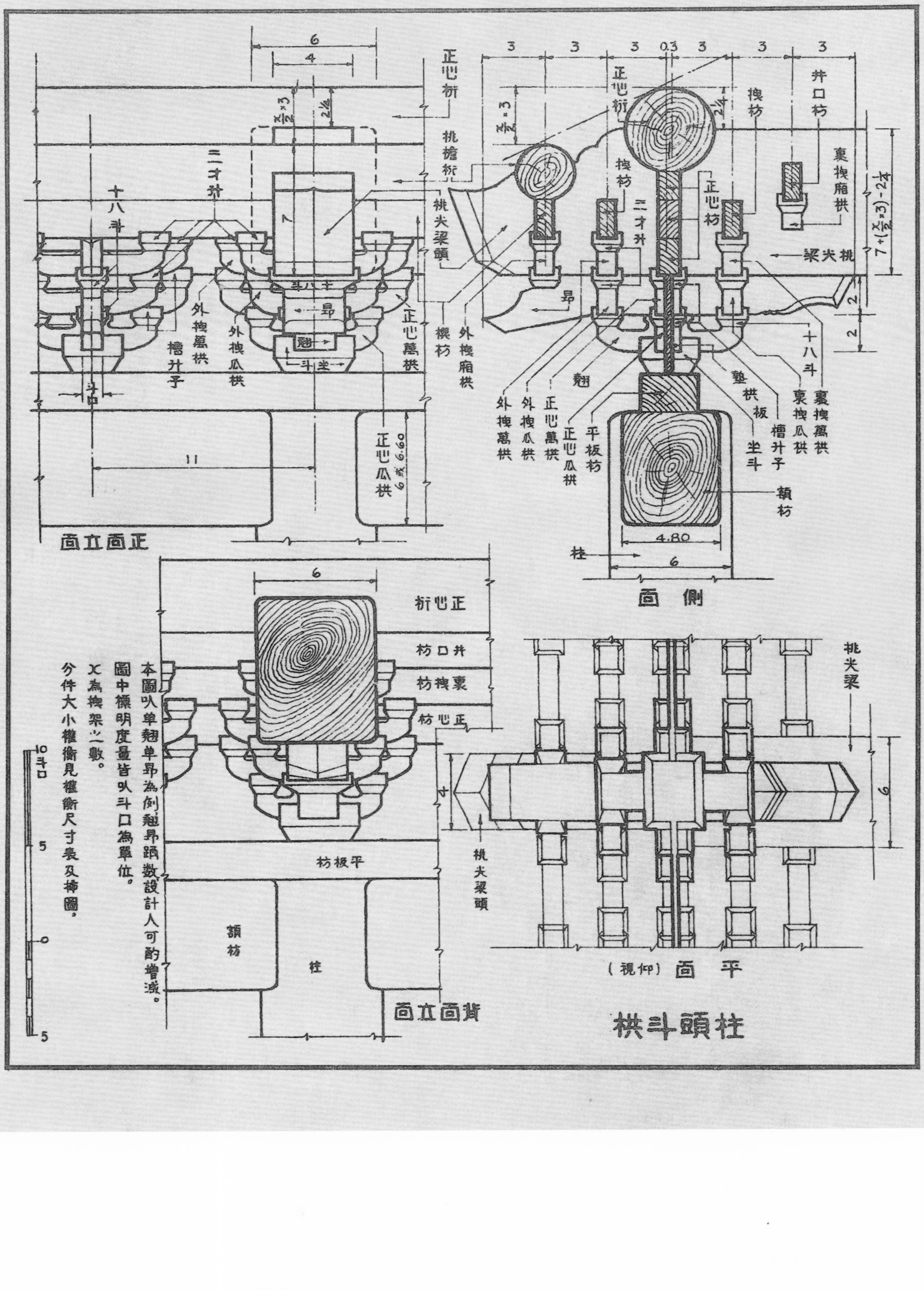
柱頭斗栱
正面立面
背面立面
側面
平面（仰視）
本圖以单翹单昂為例翹昂踩数設計人可酌增減。
圖中標明度量皆以斗口為單位。
乂為挑梁之數。
分件大小權衡見權衡尺寸表及插圖。
正心桁
挑檐桁
挑尖梁頭
拽枋
外拽廂栱
正心萬栱
外拽瓜栱
外拽萬栱
槽升子
三才升
十八斗
正心瓜栱
井口枋
裏拽廂栱
裏拽萬栱
裏拽瓜栱
正心枋
平板枋
額枋
墊栱板
坐斗
翹
昂
柱
挑尖梁
裏拽枋

清式營造則例圖版

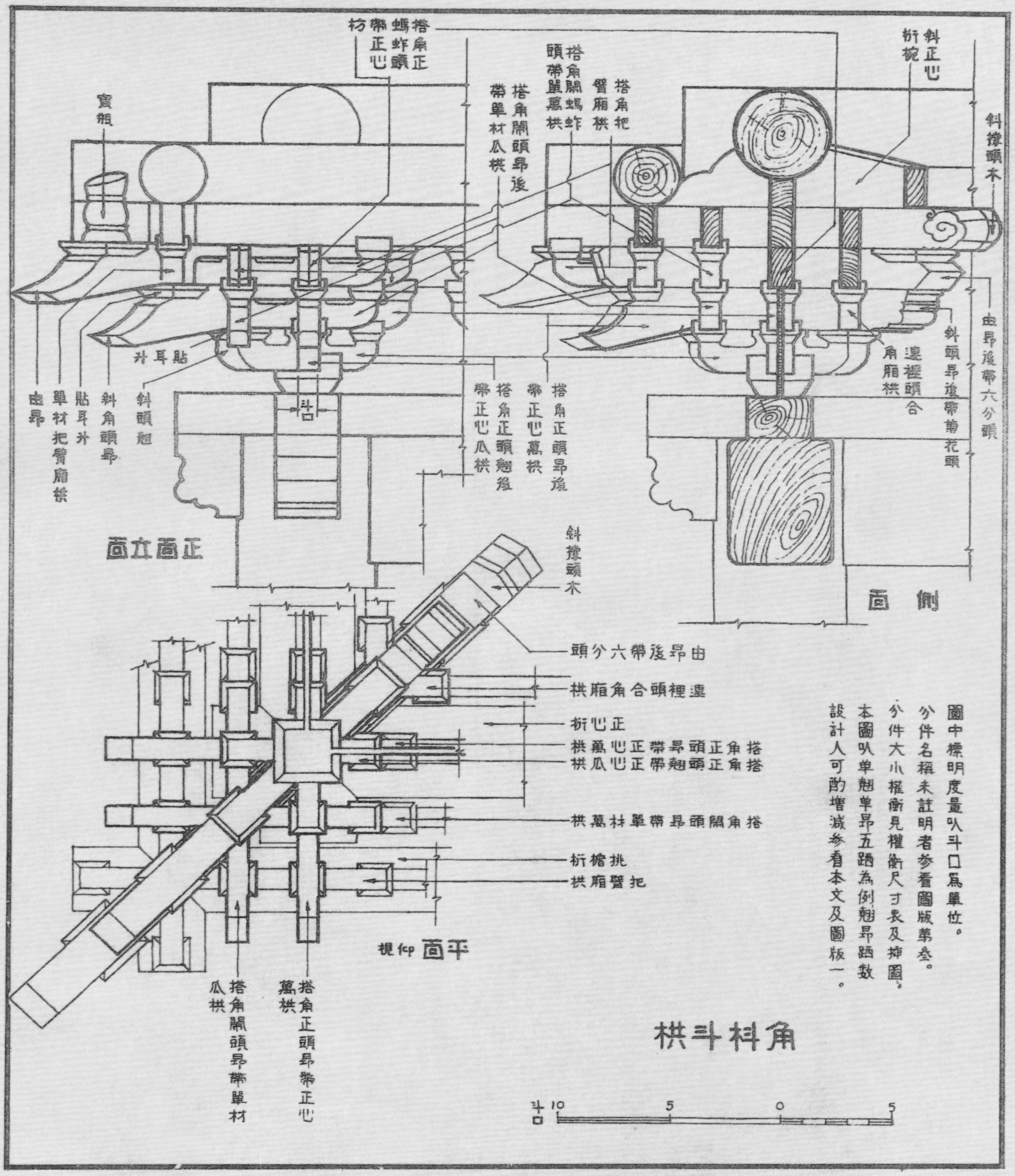
角科斗栱
正面立面
側面
平面仰視
圖中標明度量以斗口爲單位。
分件名稱未註明者參看圖版第叁。
分件大小權衡見權衡尺寸表及插圖。
本圖以單翹單昂五踩為例翹昂踩數
設計人可酌增減參看本文及圖版一。
斜撐頭木
由昂後帶六分頭
裏拽頭合角廂栱
正心桁
搭角正頭昂帶正心萬栱
搭角正頭翹帶正心瓜栱
搭角鬧頭昂帶單材萬栱
挑檐桁
把臂廂栱
搭角正頭昂帶正心萬栱
搭角鬧頭昂帶單材瓜栱
斗口

清式營造則例圖版

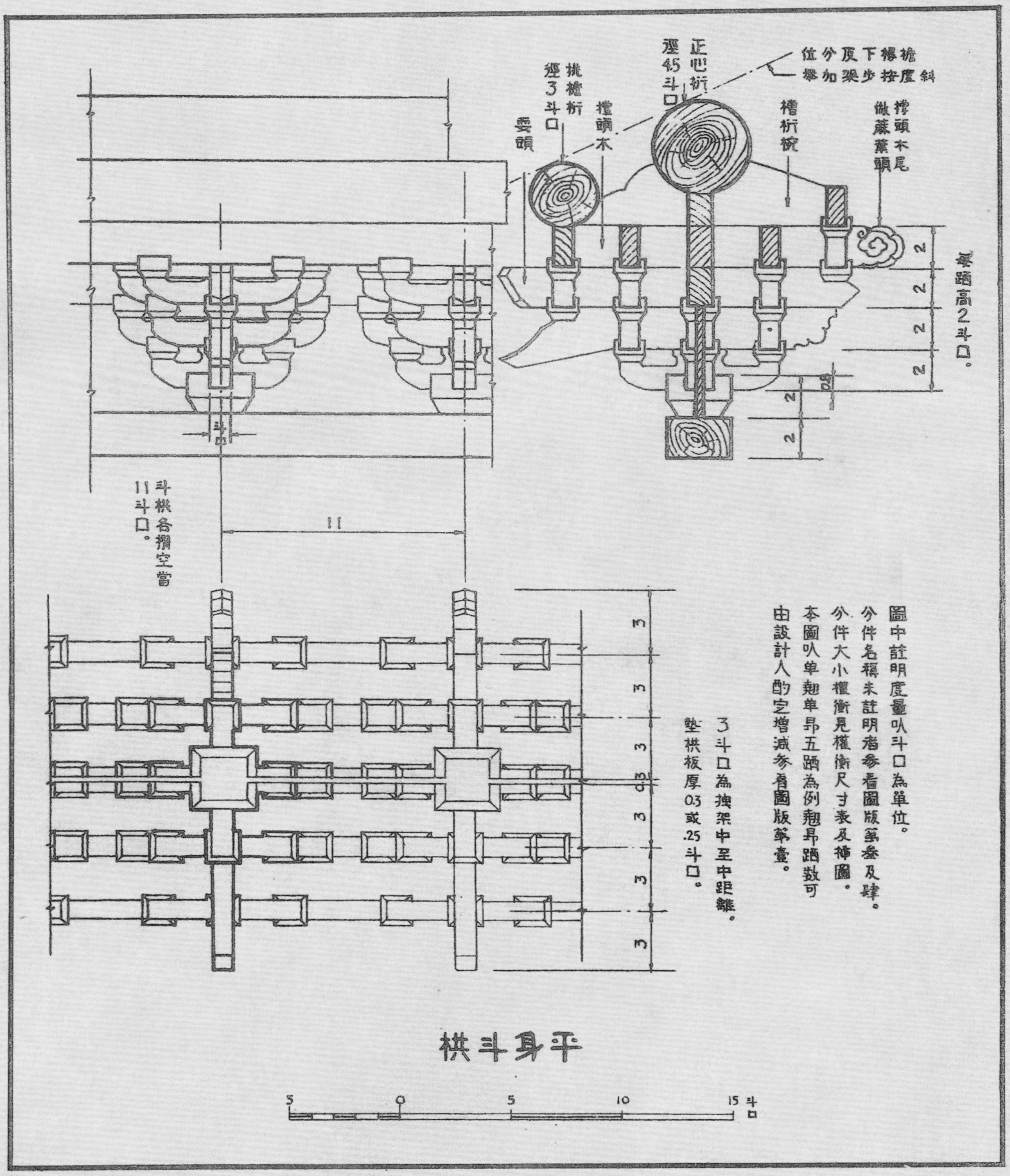

平身斗栱

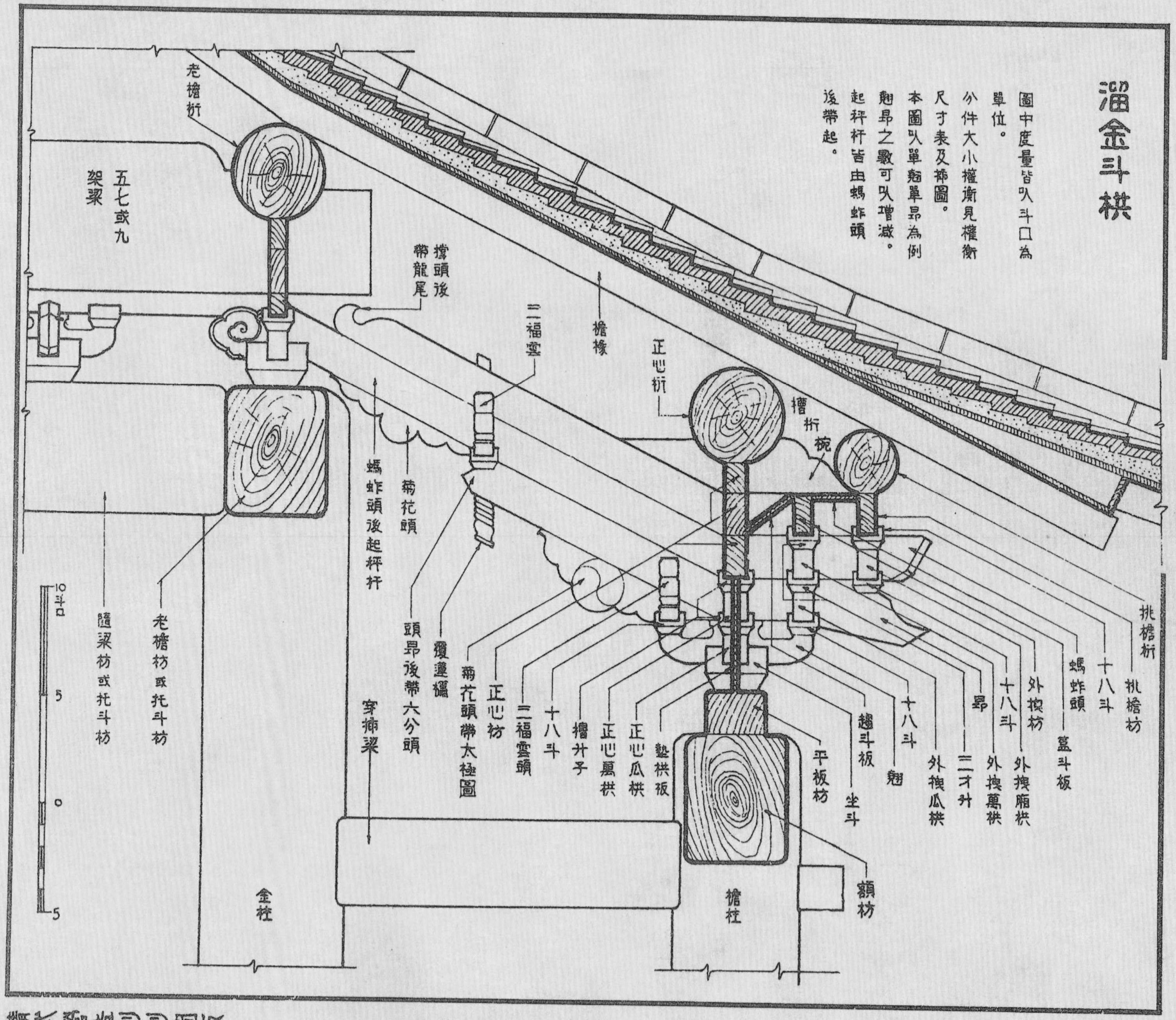

溜金斗栱
圖中度量皆以斗口為單位。
分件大小權衡見權衡尺寸表及第圖。
本圖以單翹單昂為例翹昂之數可以增減。
起秤杆皆由螞蚱頭後帶起。
老檐桁
五七或九架梁
撐頭後帶龍尾
二福雲
檐椽
正心桁
挑檐桁
螞蚱頭後起秤杆
菊花頭
頭昂後帶六分頭
覆蓮䕲
菊花頭帶太極圖
正心枋
三福雲頭
十八斗
檐井子
正心萬栱
正心瓜栱
墊栱板
平板枋
坐斗
翹
十八斗
外拽瓜栱
三才升
昂
外拽萬栱
十八斗
外拽廂栱
外拽枋
蓋斗板
螞蚱頭
十八斗
挑檐枋
額枋
檐柱
金柱
穿插梁
老檐枋或托斗枋
隨梁枋或托斗枋
10斗口
5
0
5

清式營造則例圖版

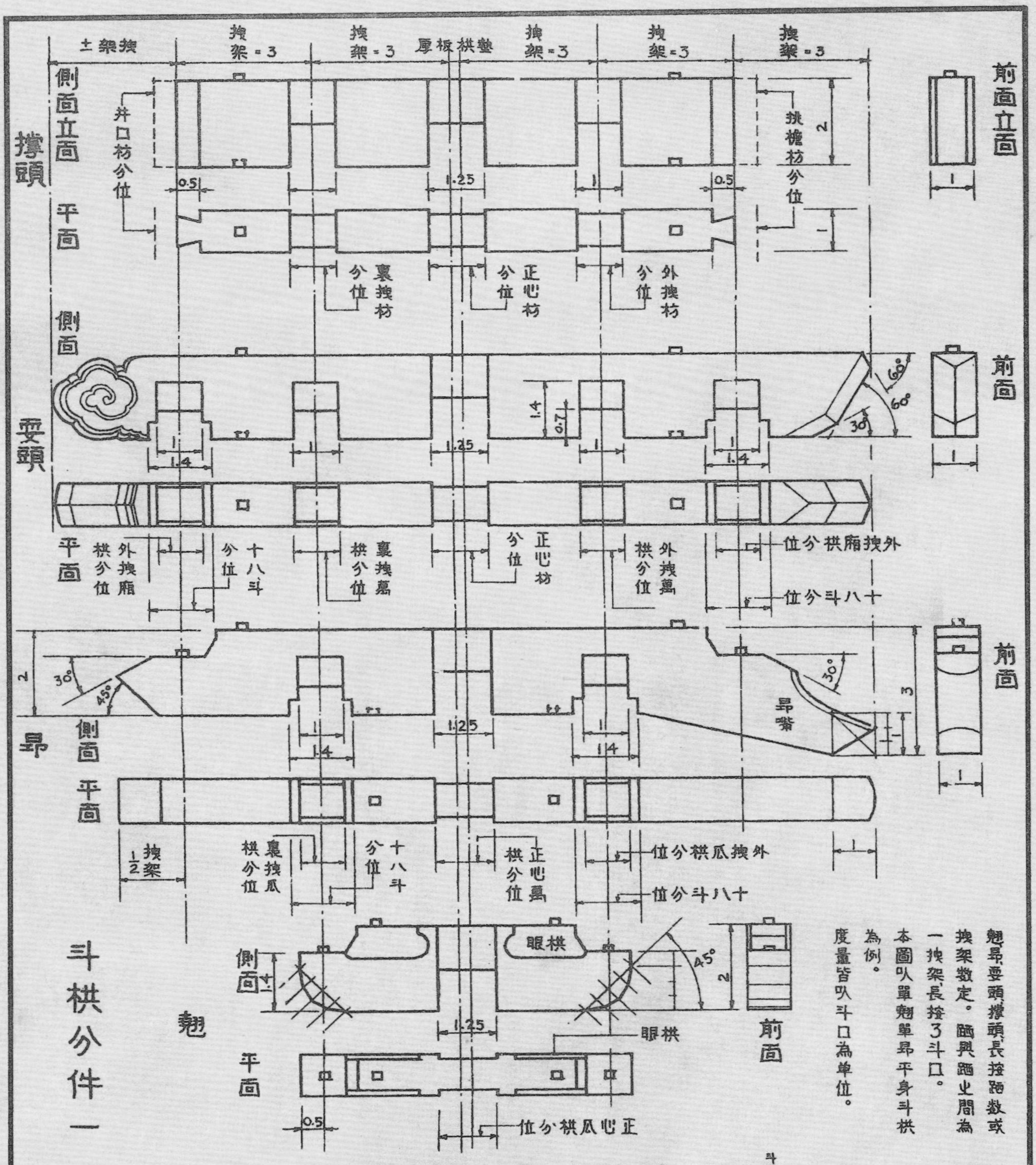
斗栱分件一
撑頭
側面立面
平面
前面立面
耍頭
側面
平面
前面
昂
側面
平面
前面
昂嘴
翹
側面
平面
前面
眼栱
拽架=3
廈栱墊板
土架拽
井口枋分位
挑檐枋分位
裏拽枋分位
正心枋分位
外拽枋分位
外拽廂栱分位
十八斗分位
裏拽萬栱分位
正心萬栱分位
外拽萬栱分位
裏拽瓜栱分位
外拽瓜栱分位
正心瓜栱分位
½拽架
斗口
翹、昂、耍頭、撑頭、長按踩數或拽架數定。踩與踩之間為一拽架，長按3斗口。
本圖以單翹單昂平身斗栱為例。
度量皆以斗口為單位。

清式營造則例圖版

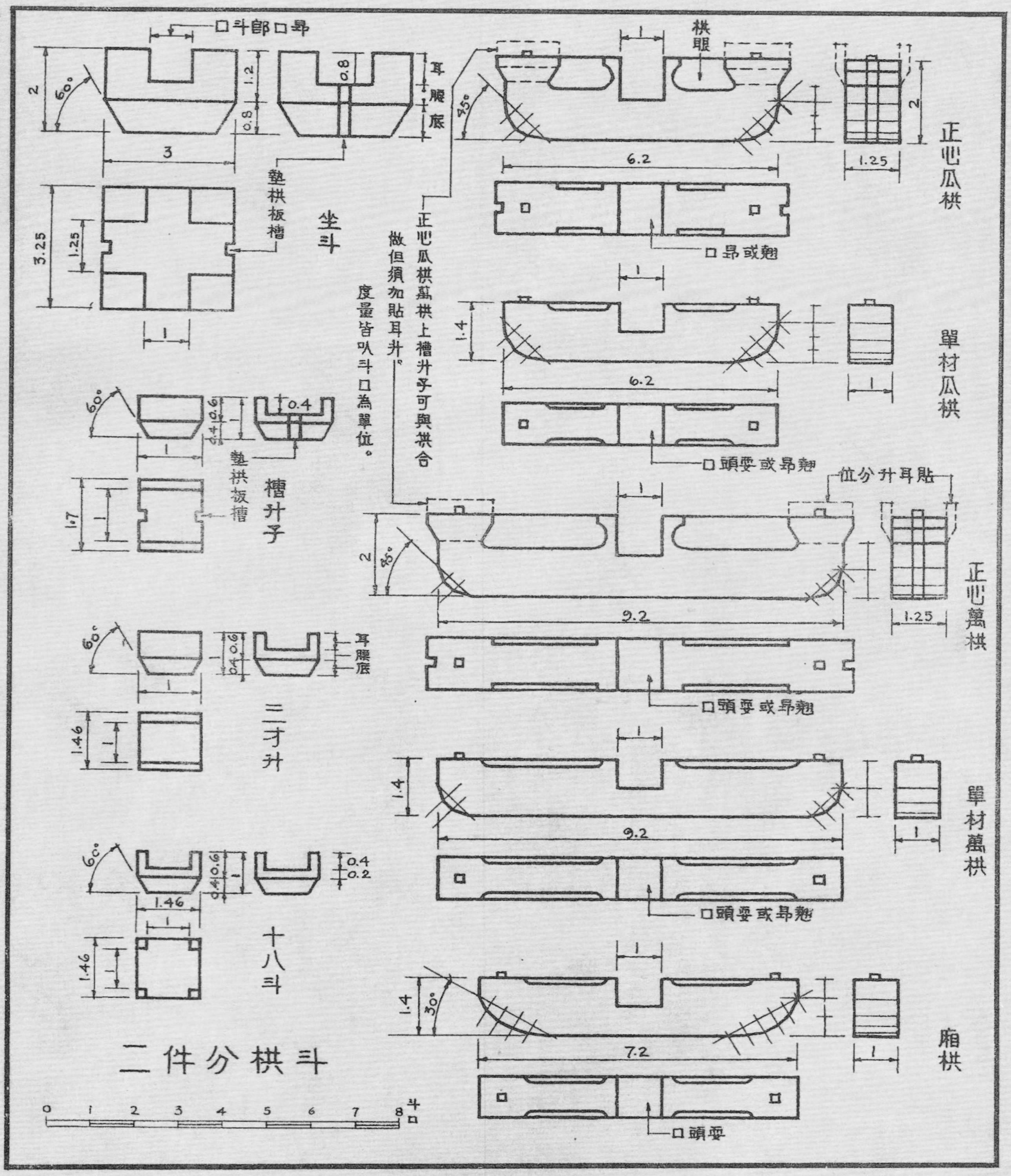
斗栱分件二
坐斗
墊栱板槽
耳
腰
底
槽升子
三才升
十八斗
正心瓜栱
單材瓜栱
正心萬栱
單材萬栱
廂栱
栱眼
貼耳升分位
正心瓜栱萬栱上槽升子可與栱合做但須加貼耳升。
度量皆以斗口為單位。

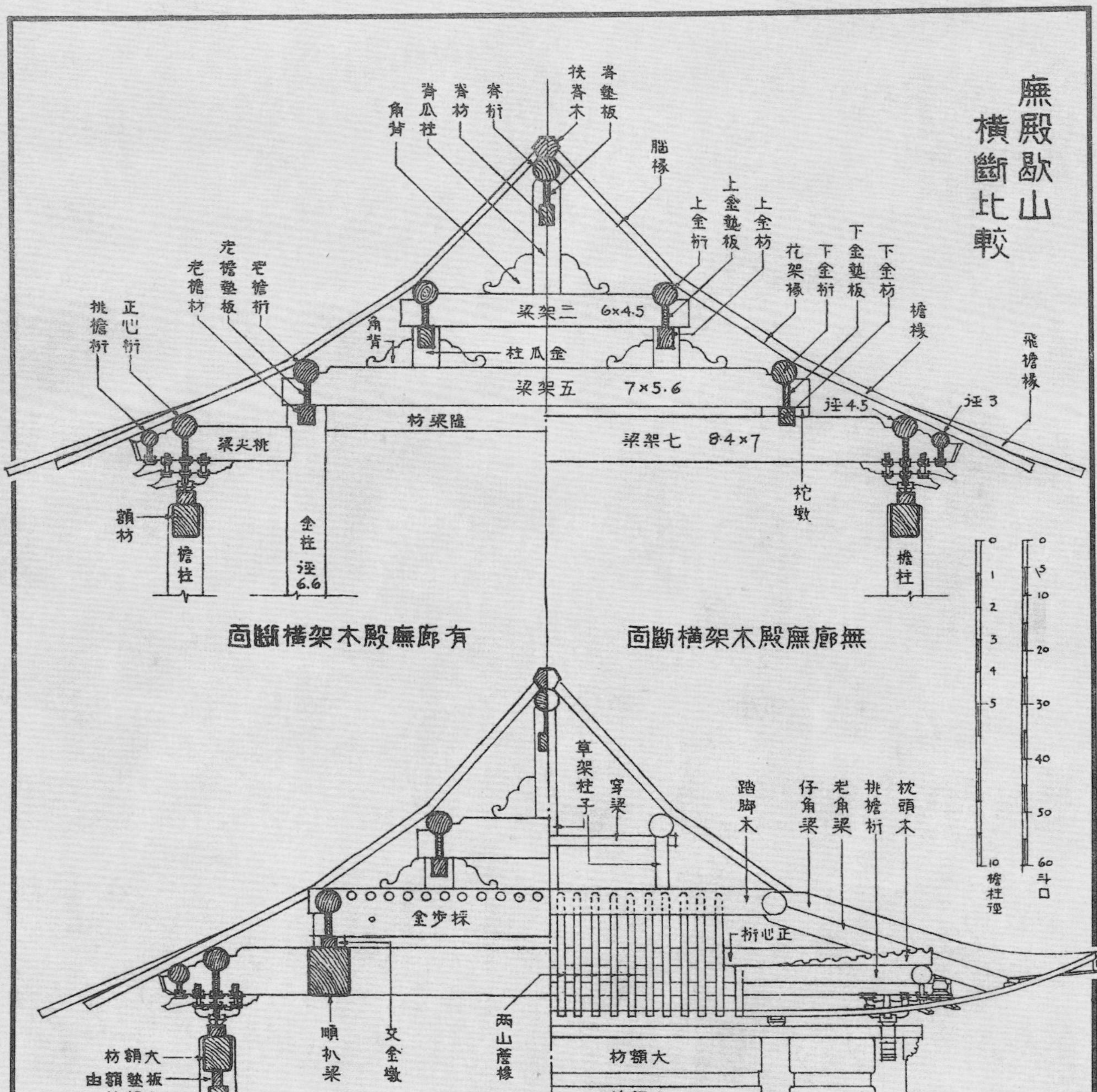

廡殿歇山横斷比較
有廊廡殿木架横斷面
無廊廡殿木架横斷面
歇山木架横斷面
歇山木架外面立面
脊墊板
扶脊木
脊桁
脊枋
脊瓜柱
角背
腦椽
上金桁
上金墊板
上金枋
下金桁
下金墊板
下金枋
花架椽
檐椽
飛檐椽
老檐桁
老檐墊板
老檐枋
正心桁
挑檐桁
三架梁 6×4.5
五架梁 7×5.6
七架梁 8.4×7
金瓜柱
隨梁枋
桃尖梁
額枋
檐柱
金柱 徑6.6
徑4.5
徑3
柁墩
草架柱子
穿梁
踏脚木
仔角梁
老角梁
挑檐桁
枕頭木
正心桁
採步金
順扒梁
交金墩
兩山蘑椽
大額枋
由額墊板
小額枋
雀替長按柱間淨面濶之1/4
檐柱徑
斗口

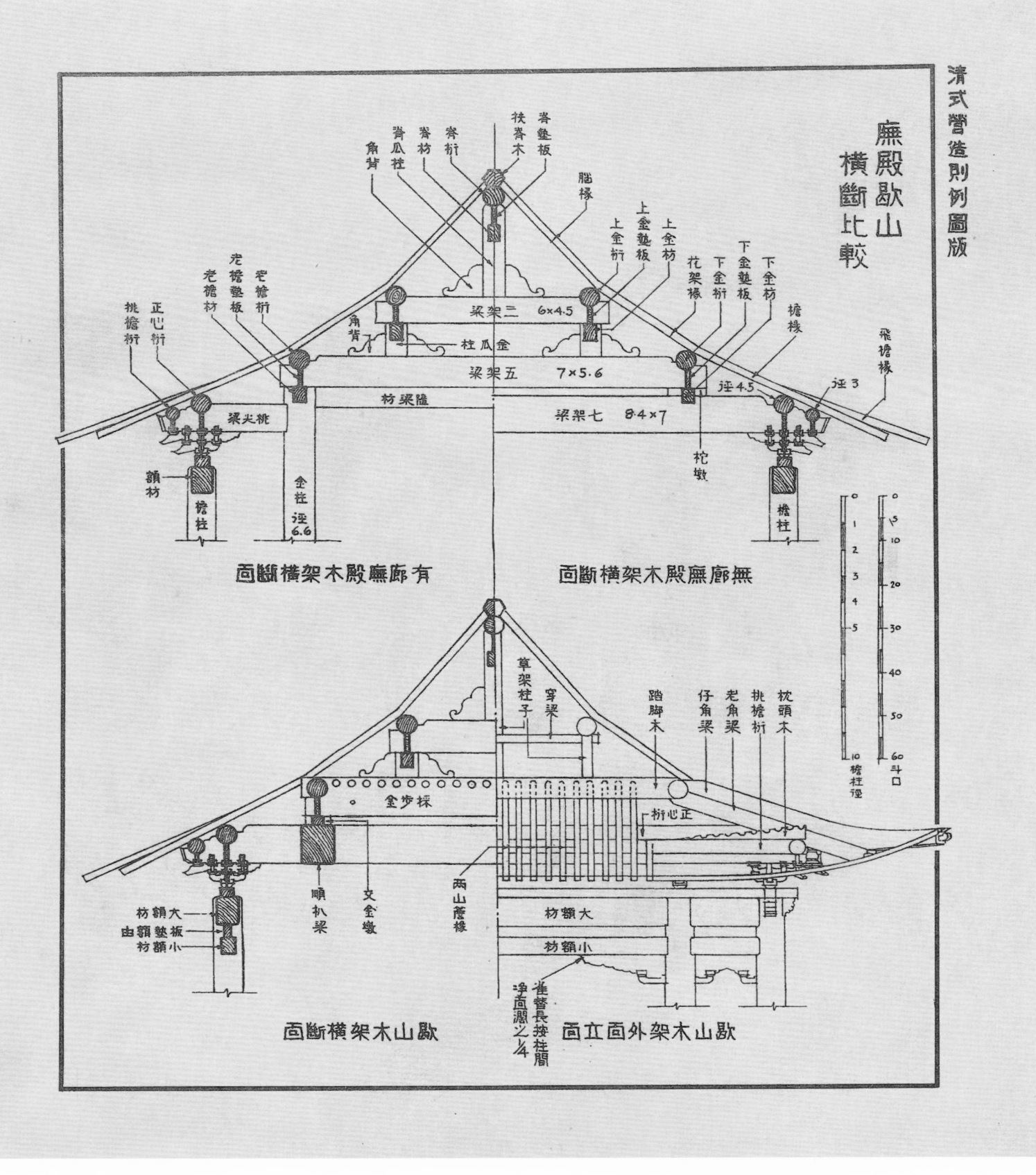

廡殿歇山縱斷比較

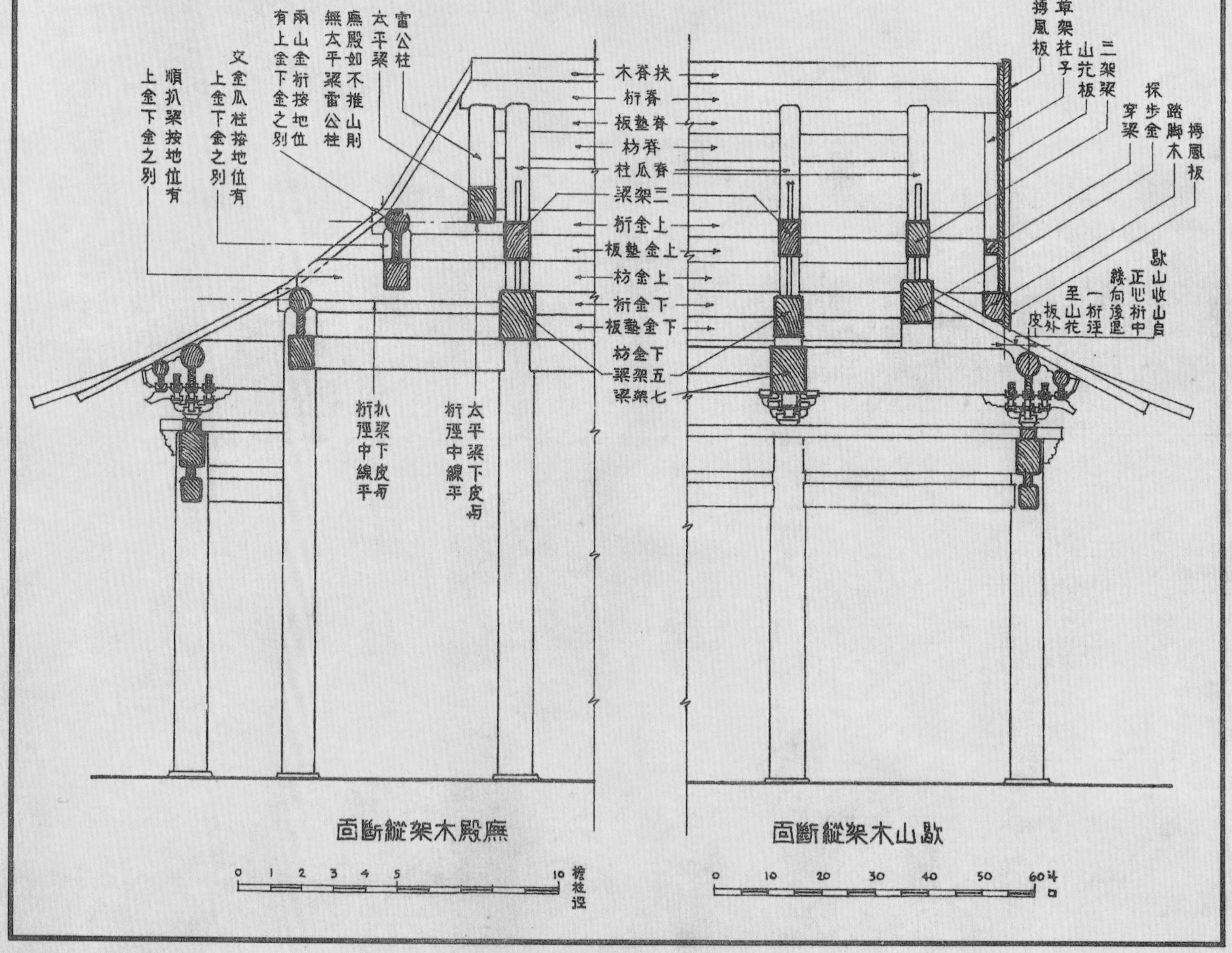

廡殿木架縱斷面

歇山木架縱斷面

清式營造則例圖版

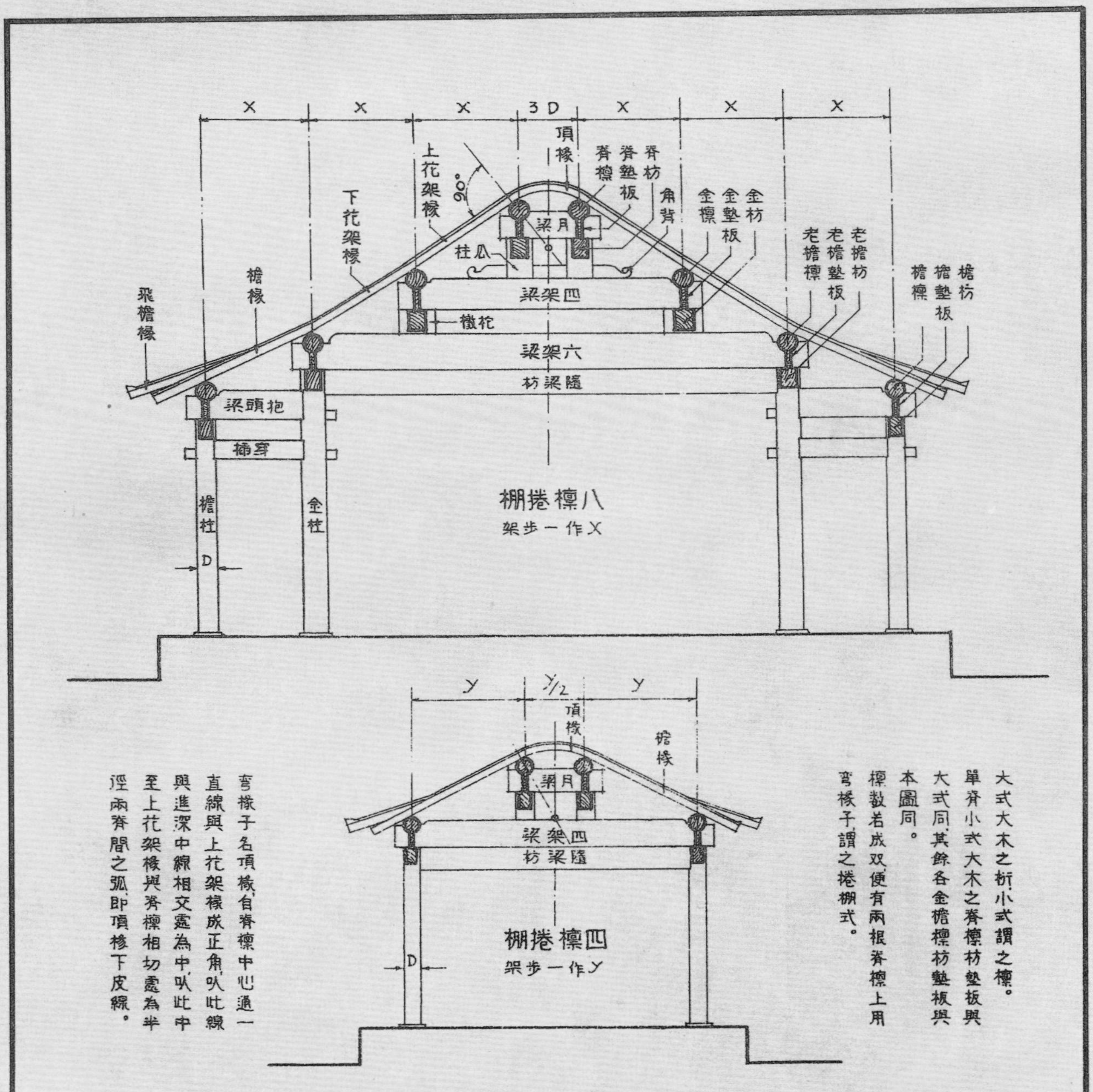

捲棚木架橫斷面
八檩捲棚
X作一步架
四檩捲棚
Y作一步架
X
3D
Y
Y/2
D
90°
頂椽
脊檩
脊墊板
脊枋
角背
月梁
柱瓜
上花架椽
下花架椽
檐椽
飛檐椽
金檩
金墊板
金枋
老檐檩
老檐墊板
老檐枋
檐檩
檐墊板
檐枋
四架梁
六架梁
隨梁枋
抱頭梁
穿插
檐柱
金柱
大式大木之桁,小式謂之檩。
單脊小式大木之脊檩枋墊板與大式同,其餘各金檐檩枋墊板與本圖同。
檩數若成双,便有兩根脊檩,上用弯椽子,謂之捲棚式。
弯椽子名頂椽,自脊檩中心通一直線,與上花架椽成正角,以此線與進深中線相交處為中心,以此中至上花架椽與脊檩相切處為半徑,兩脊間之弧,即頂椽下皮線。
上圖檐柱徑比例尺
下圖檐柱徑比例尺

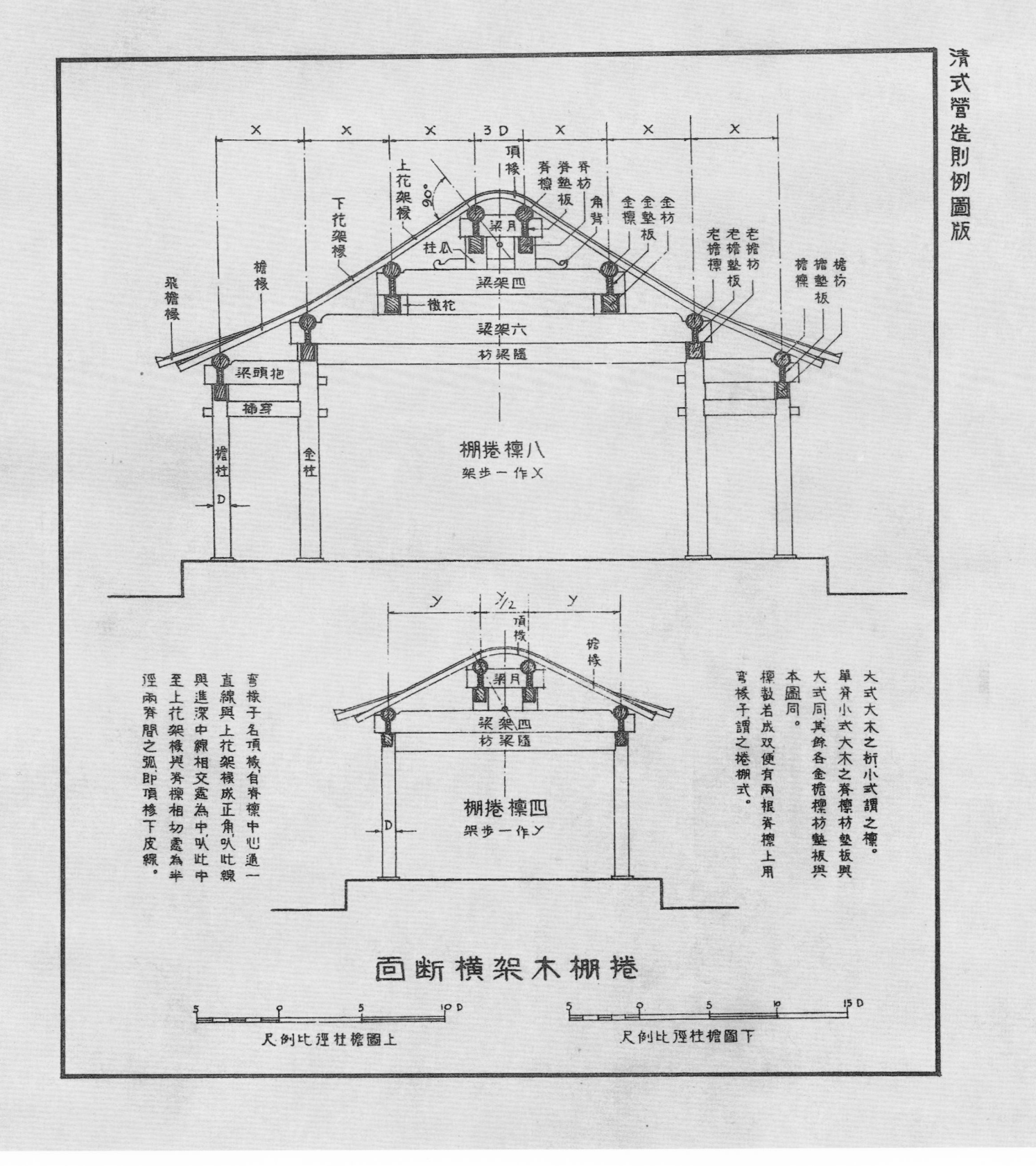

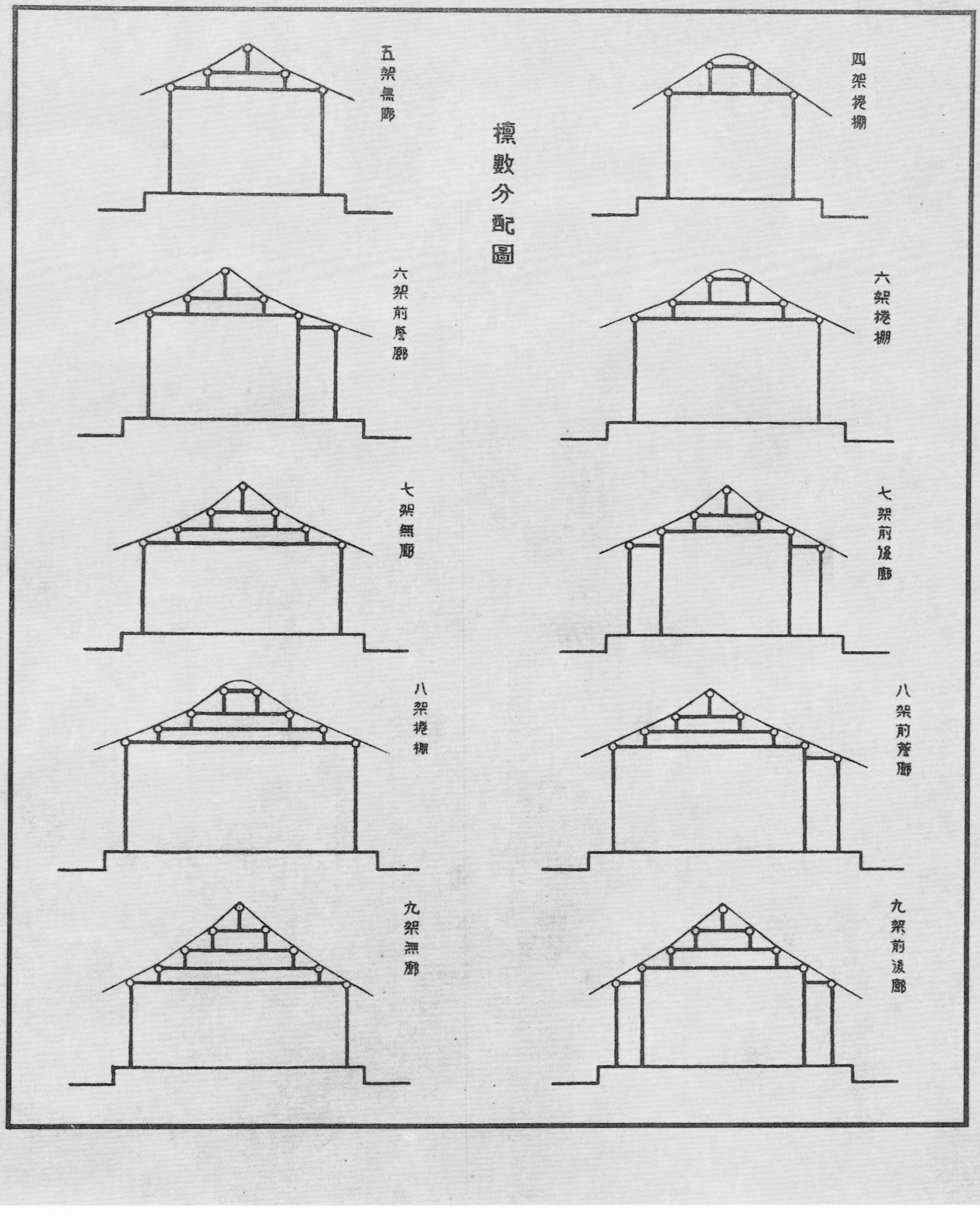
檁數分配圖
四架捲棚
五架無廊
六架捲棚
六架前檐廊
七架前後廊
七架無廊
八架前檐廊
八架捲棚
九架前後廊
九架無廊

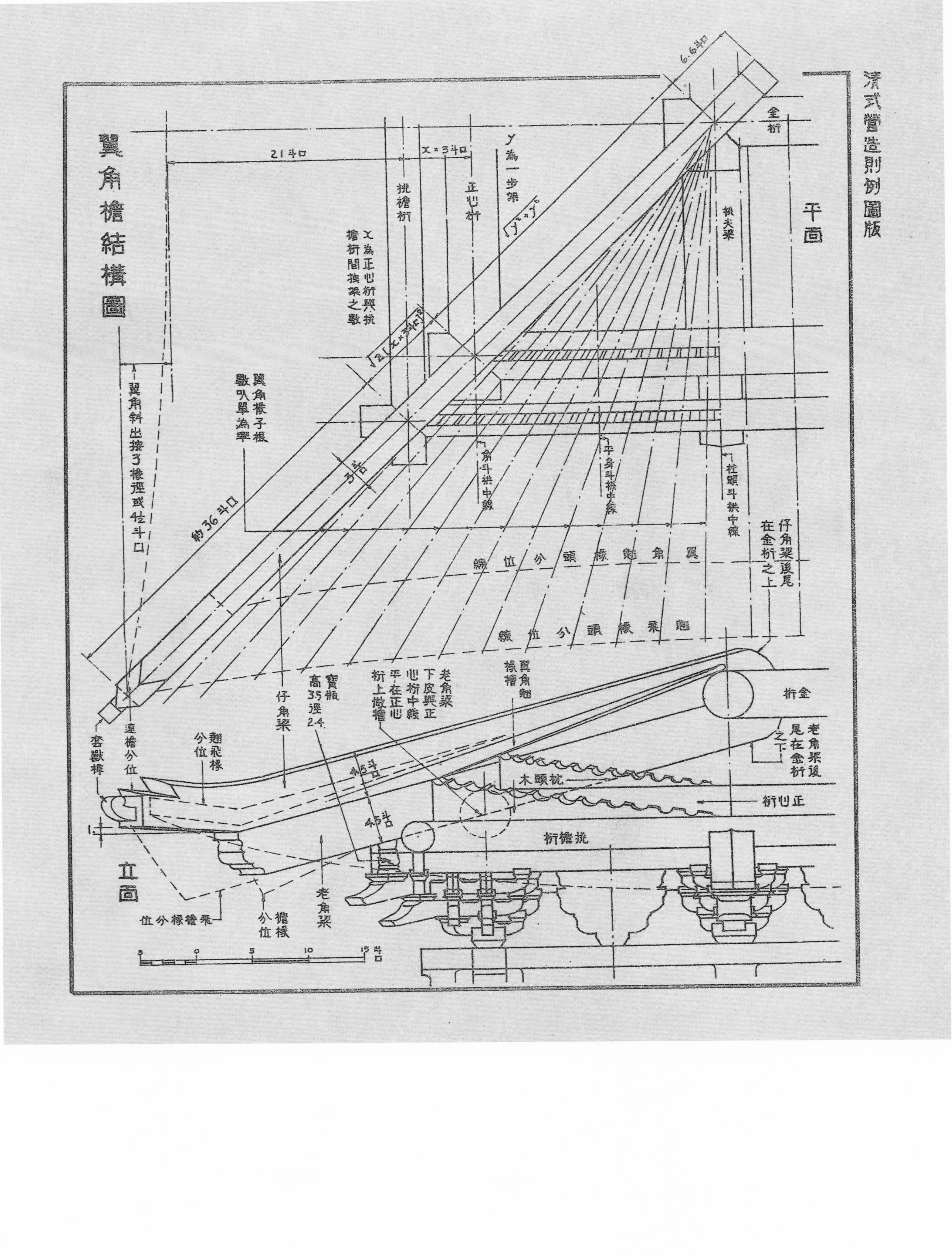
翼角檐結構圖
平面
立面
金桁
正心桁
挑檐桁
挑尖梁
柱頭斗栱中線
平身斗栱中線
角斗栱中線
X為正心桁與挑檐桁間挑梁之數
Y為一步架
21斗口
X=3.4口
約36斗口
翼角斜出摔了椽徑或什斗口
翼角椽子根數以單為率
翼角翹椽頭分位綫
飛椽頭分位綫
仔角梁後尾在金桁之上
老角梁後尾在金桁之下
仔角梁
老角梁
寶瓶高3.5徑2.4
老角梁下皮與正心桁中綫平在正心桁上做檔
翼角翹椽檔
木頭枕
套獸榫
連檐分位
翹飛椽分位
檐椽分位
飛檐椽分位
4.5斗口
6.6斗口

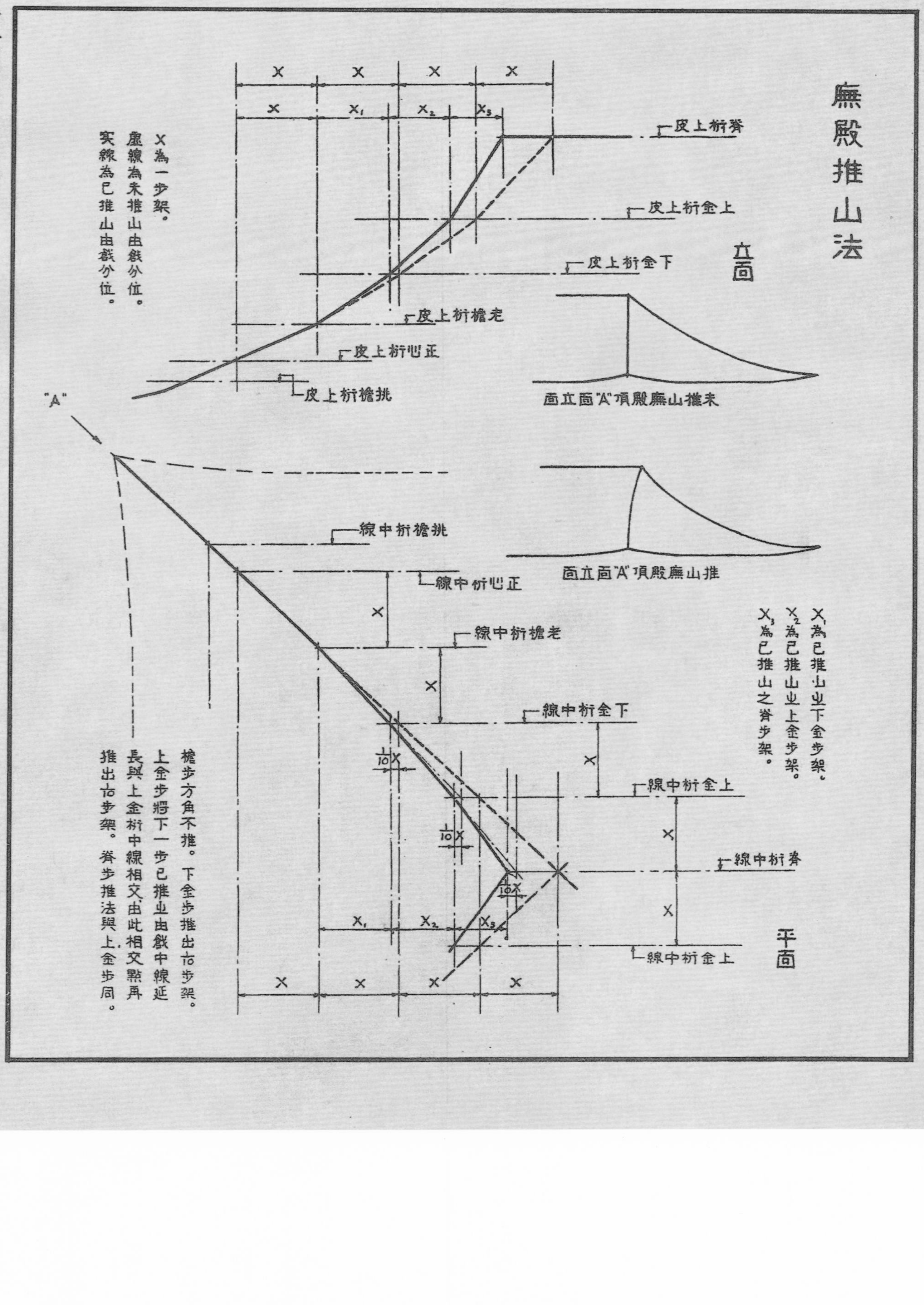
廡殿推山法
立面
平面
X為一步架。
虛線為未推山由戧分位。
實線為已推山由戧分位。
脊桁上皮
上金桁上皮
下金桁上皮
老檐桁上皮
正心桁上皮
挑檐桁上皮
"A"
未推山廡殿頂"A"立面
推山廡殿頂"A"立面
挑檐桁中線
正心桁中線
老檐桁中線
下金桁中線
上金桁中線
脊桁中線
X
X_1
X_2
X_3
$\frac{1}{10}X$
X_1為已推山之下金步架。
X_2為已推山之上金步架。
X_3為已推山之脊步架。
檐步方角不推。下金步推出$\frac{1}{10}$步架。上金步將下一步已推出由戧中線延長與上金桁中線相交由此相交點再推出$\frac{1}{10}$步架。脊步推法與上金步同。

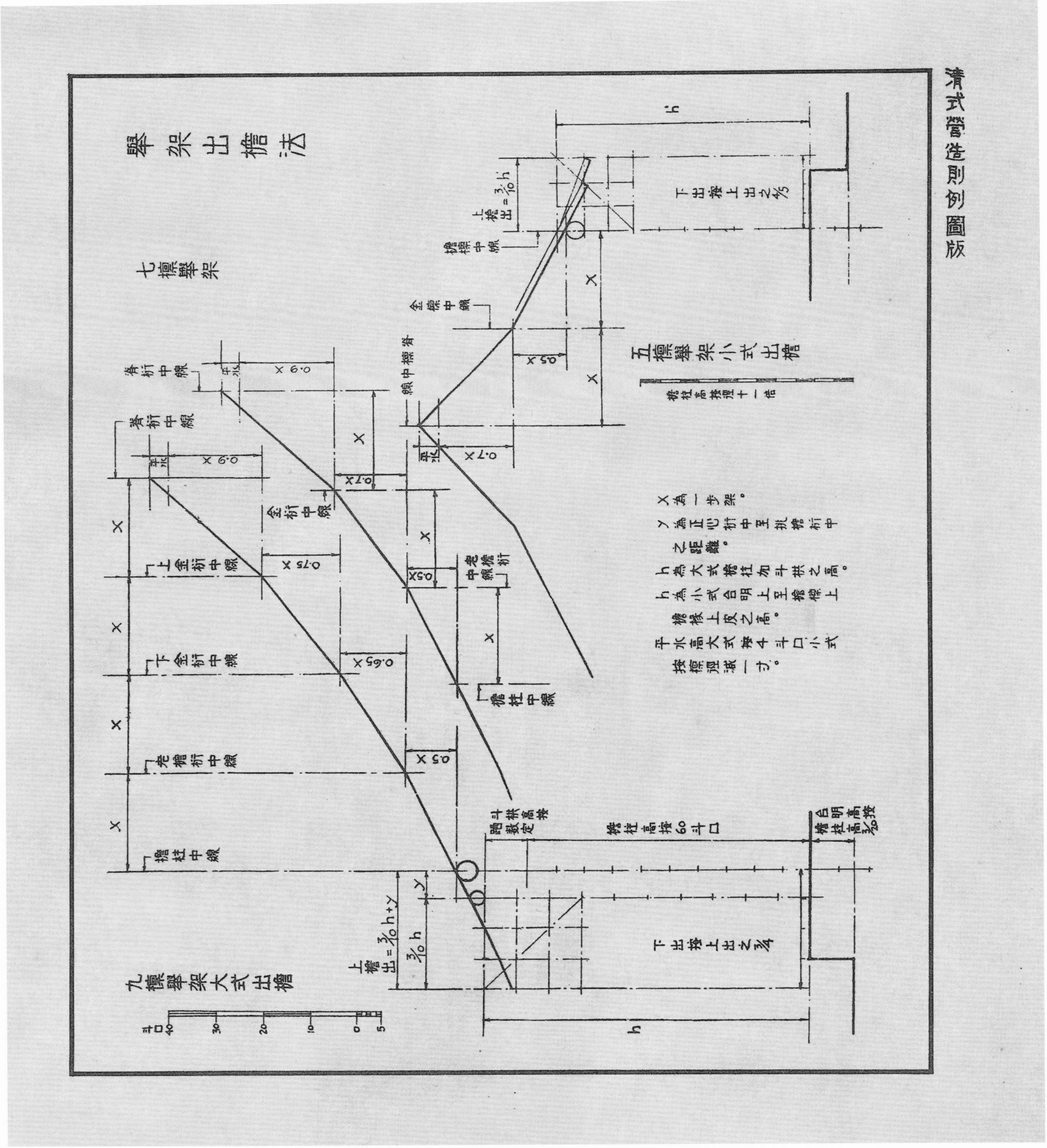
清式營造則例圖版
舉架出檐法
七檁舉架
九檁舉架大式出檐
五檁舉架小式出檐
X為一步架。
y為正心桁中至挑檐桁中之距離。
h為大式檐柱加斗栱之高。
h′為小式合明上至檐檁上皮之高。
平水高大式按4斗口小式按檁徑減一寸。
檐柱中線
老檐桁中線
下金桁中線
上金桁中線
脊桁中線
0.5X
0.65X
0.75X
0.9X
0.7X
下出按上出之4/5
下出按上出之4/5
檐柱高按60斗口
檐柱高按檁徑十一倍

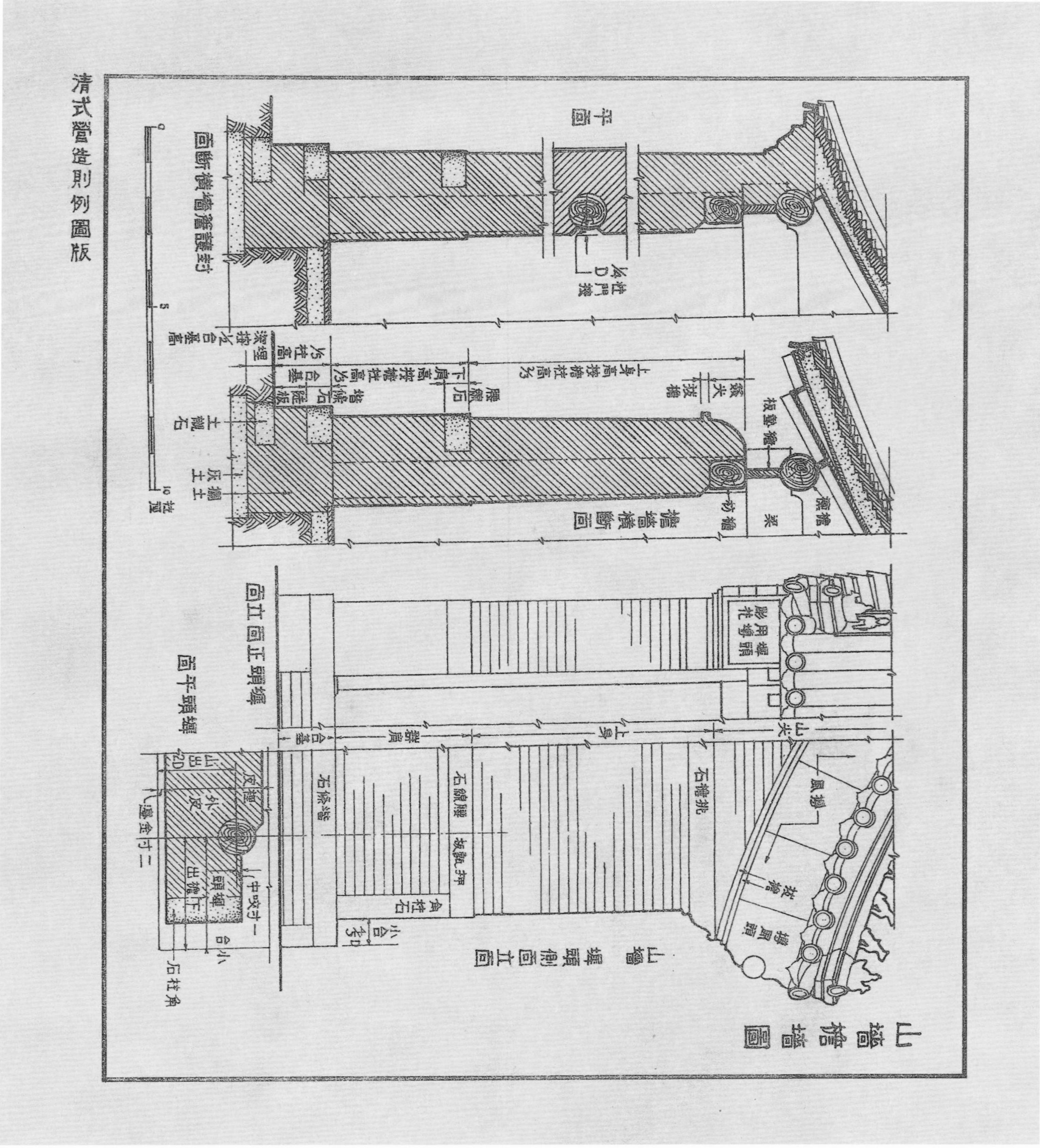

山墙檐墙图
清式营造则例图版

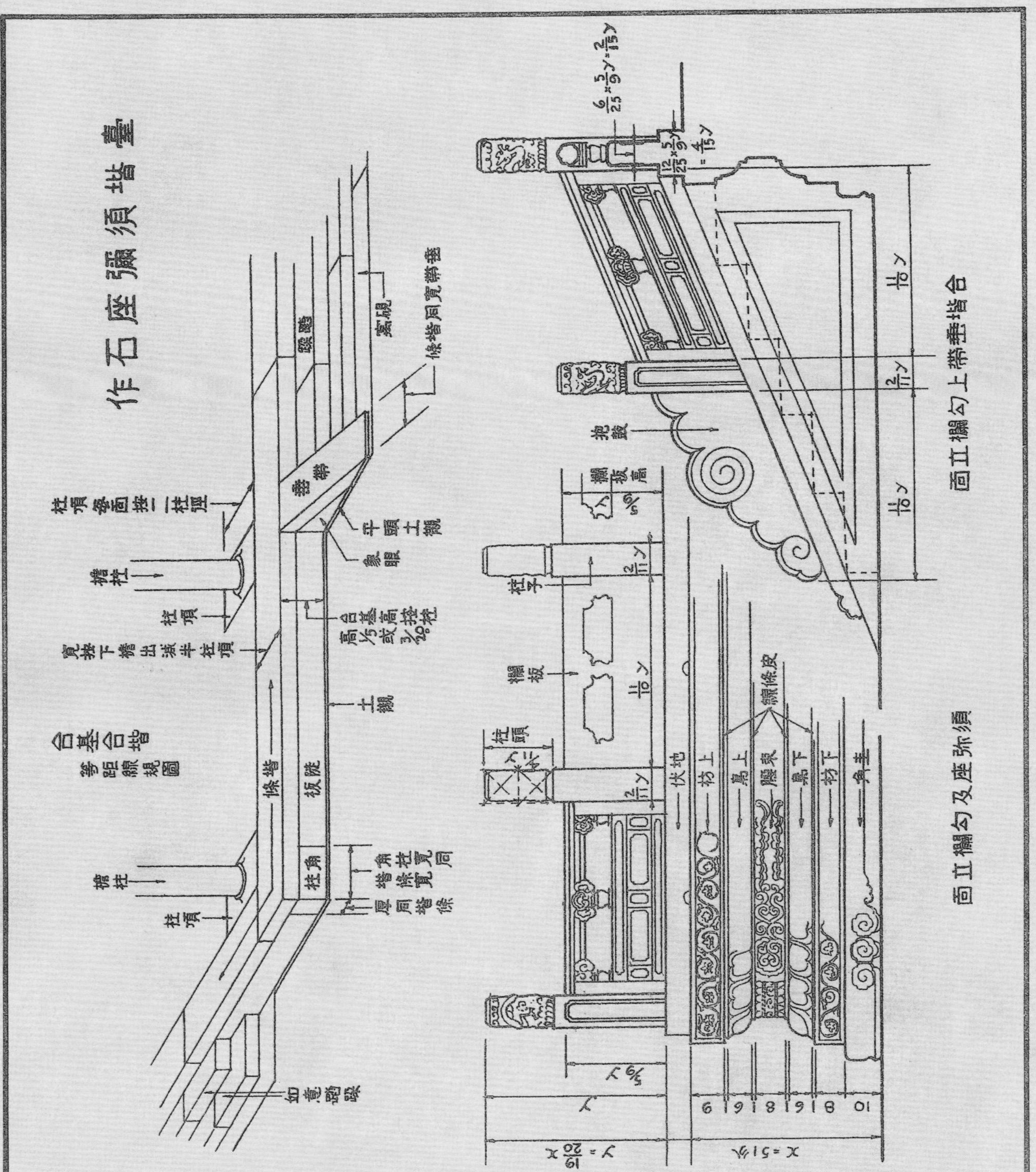

須彌座及勾欄立面

合堦垂帶上勾欄立面

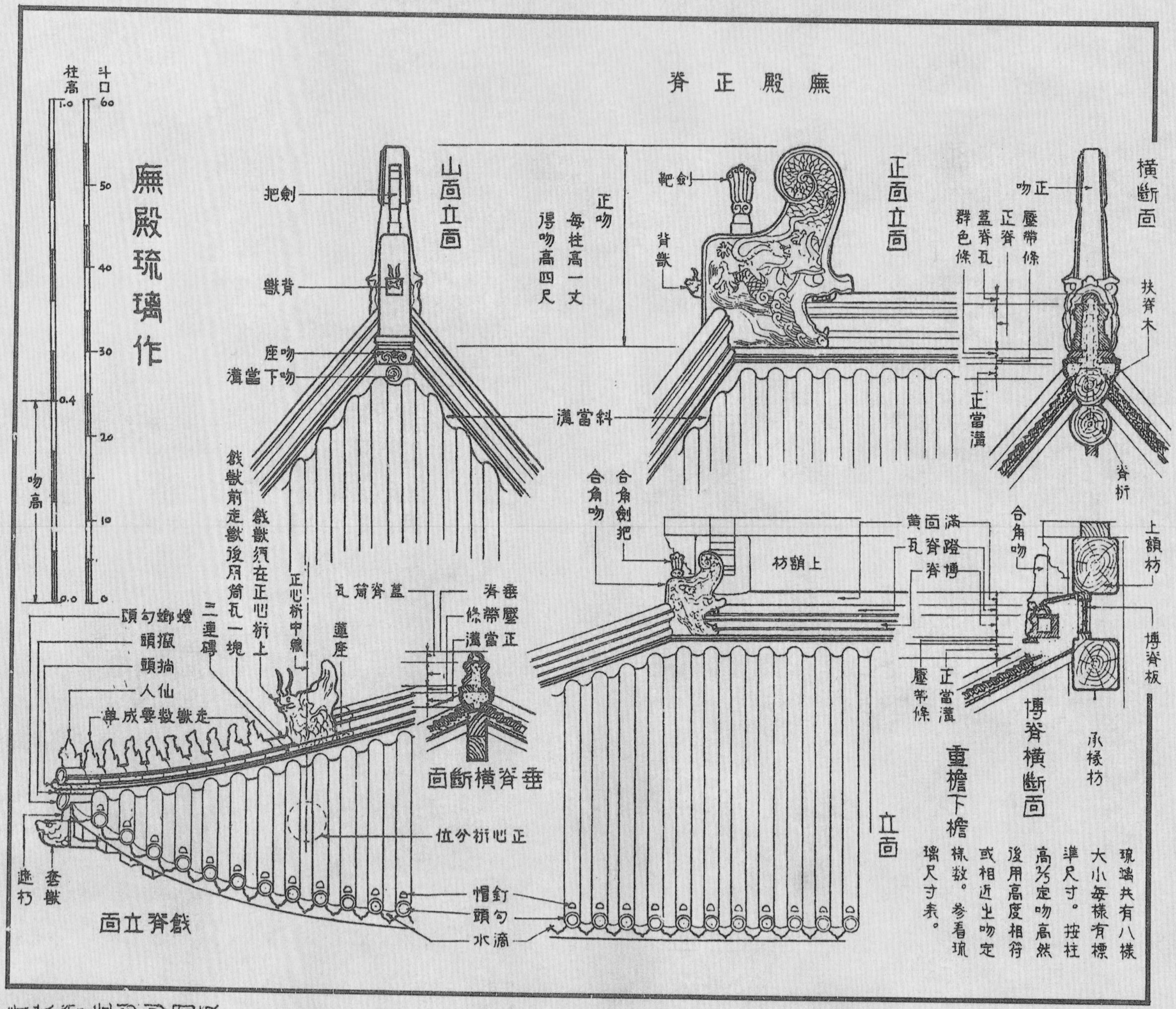
廡殿琉璃作
廡殿正脊
山面立面
正面立面
橫斷面
正吻
每柱高一丈
得吻高四尺
斗口
柱高
吻高
把劍
獸背
背獸
座吻
當溝下吻
斜當溝
正吻
壓帶條
正脊
蓋脊瓦
群色條
扶脊木
脊桁
正當溝
合角劍把
合角吻
滿面黃瓦
踏脊
博脊
上額枋
承椽枋
博脊板
博脊橫斷面
重檐下檐
正當溝
壓帶條
立面
戧獸前走獸後用筒瓦一塊
戧獸須在正心桁上
正心桁中線
蓮座
蓋脊筒瓦
垂脊
壓帶條
正當溝
垂脊橫斷面
螳螂勾頭
撺頭
掏頭
仙人
走獸數要成單
三連磚
正心桁分位
釘帽
勾頭
滴水
套獸
遮朽
戧脊立面
琉璃共有八樣大小每樣有標準尺寸。按柱高⅖定吻高然後用高度相符或相近之吻定樣數。參看琉璃尺寸表。

清式營造則例圖版

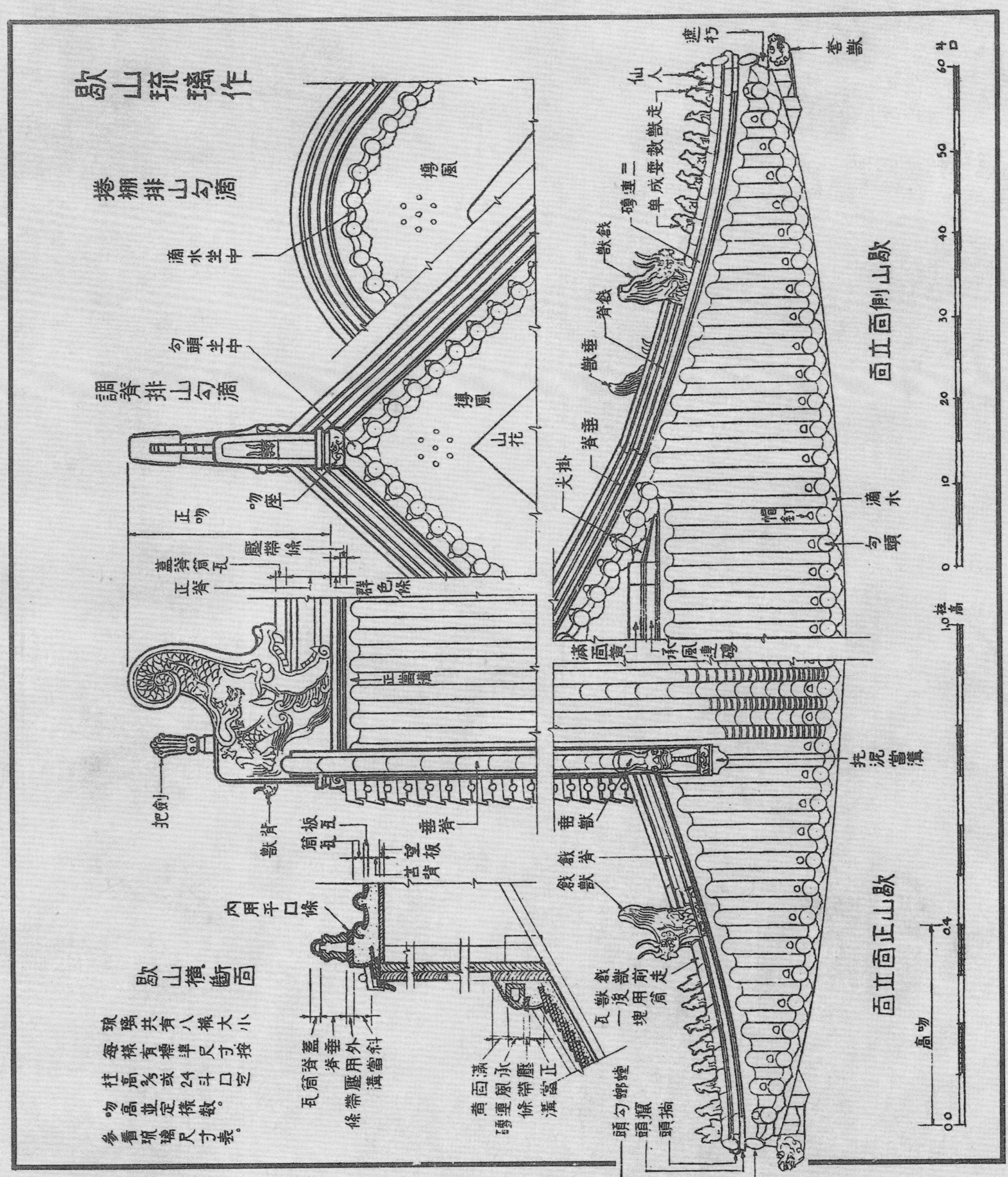

清式營造則例圖版

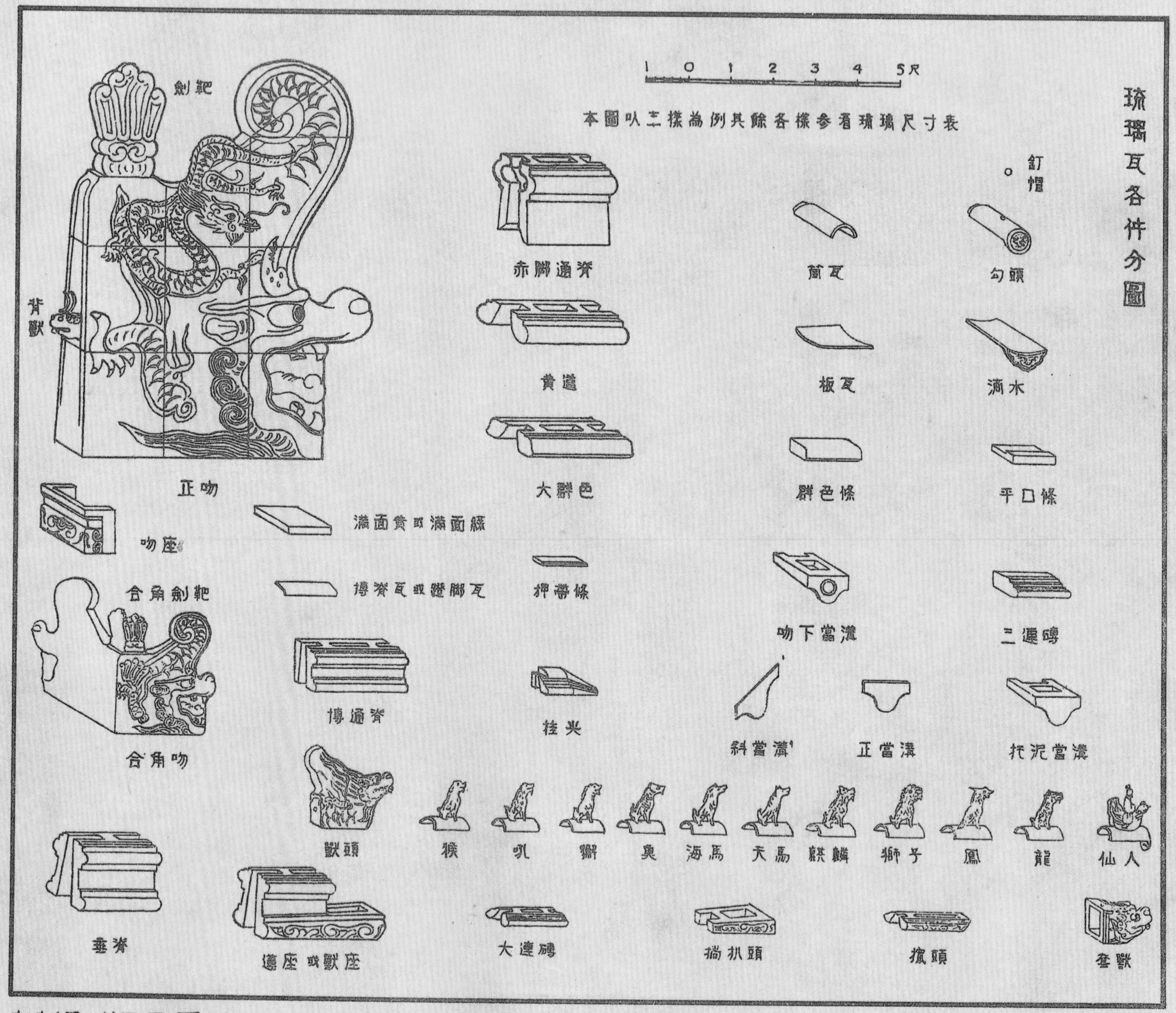
琉璃瓦各件分圖
1 0 1 2 3 4 5尺
本圖以二樣為例其餘各樣參看琉璃尺寸表
劍靶
背獸
正吻
吻座
合角劍靶
合角吻
垂脊
墮座或獸座
赤腳通脊
黃道
大群色
滿面黃或滿面綠
博脊瓦或蹬腳瓦
押帶條
博通脊
桂尖
獸頭
大連磚
筒瓦
板瓦
群色條
吻下當溝
斜當溝
正當溝
勾頭
滴水
平口條
二連磚
托泥當溝
釘帽
猴
吼
獬
狎
海馬
天馬
麒麟
獅子
鳳
龍
仙人
撺扒頭
㩌頭
套獸

清式營造則例圖版

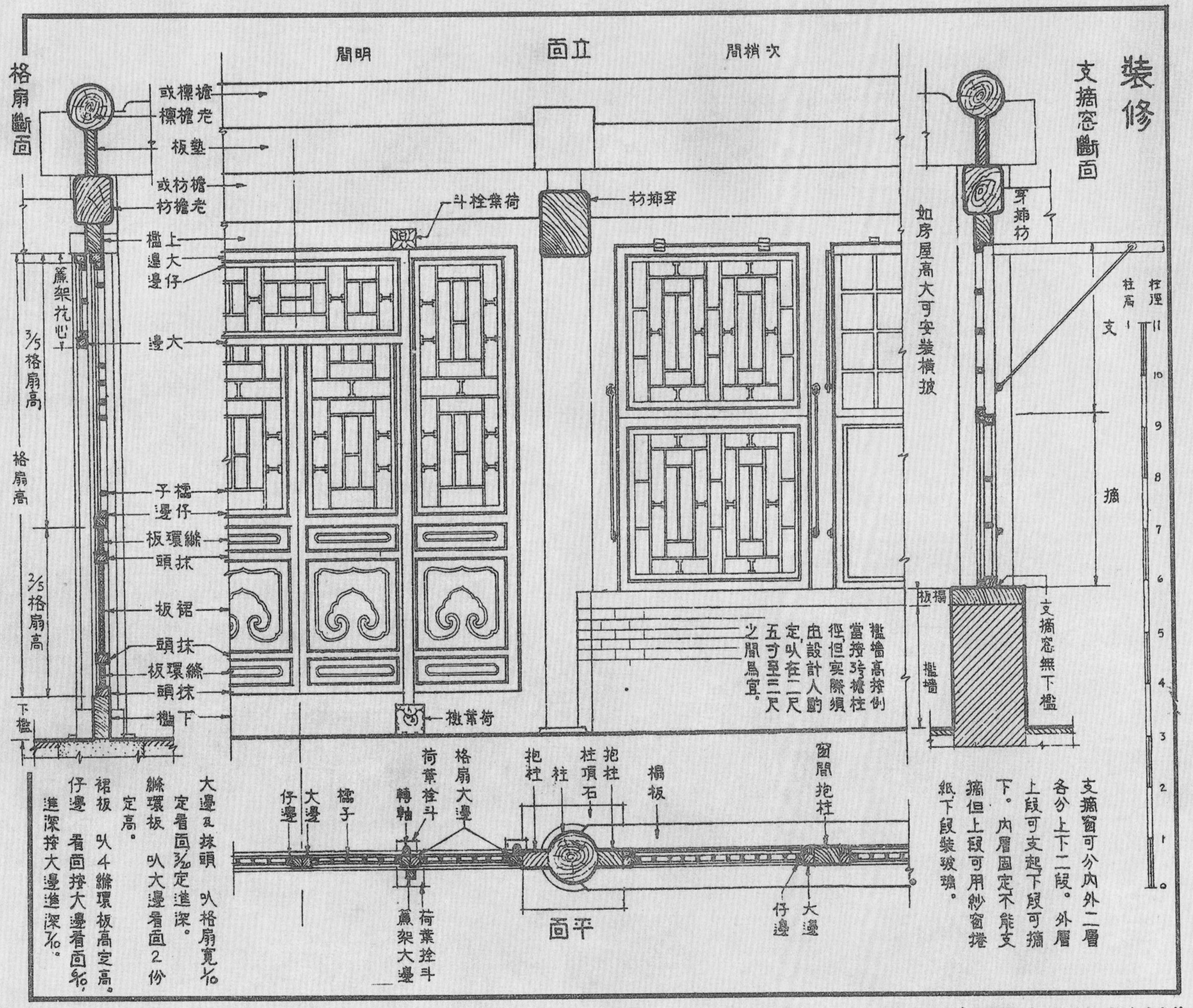
裝修
立面
明間
次梢間
格扇斷面
或檐檩
老檐檩
墊板
或檐枋
老檐枋
上檻
大邊
仔邊
簾架花心
大邊
3/5格扇高
格扇高
2/5格扇高
槅子
仔邊
縧環板
抹頭
裙板
抹頭
縧環板
抹頭
下檻
下檻
荷葉栓斗
荷葉墩
穿插枋
如房屋高大可安裝橫披
檻牆高按例當按3/5檐柱徑但實際須由設計人酌定以在一尺五寸至三尺之間為宜。
支摘窗斷面
穿插枋
榻板
檻牆
支摘窗無下檻
支
摘
柱高
柱徑
0 1 2 3 4 5 6 7 8 9 10 11
支摘窗可分內外二層各分上下二段。外層上段可支起下段可摘下。內層固定不能支摘但上段可用紗窗糊紙下段裝玻璃。
平面
仔邊
大邊
槅子
格扇大邊
荷葉栓斗
轉軸
荷葉栓斗
簾架大邊
抱柱
柱
柱頂石
抱柱
榻板
窗間抱柱
大邊
仔邊
大邊及抹頭 以格扇寬1/10定看面3/20定進深。
縧環板 以大邊看面2份定高。
裙板 以4縧環板高定高。
仔邊 看面按大邊看面8/10，進深按大邊進深7/10。

清式營造則例圖版

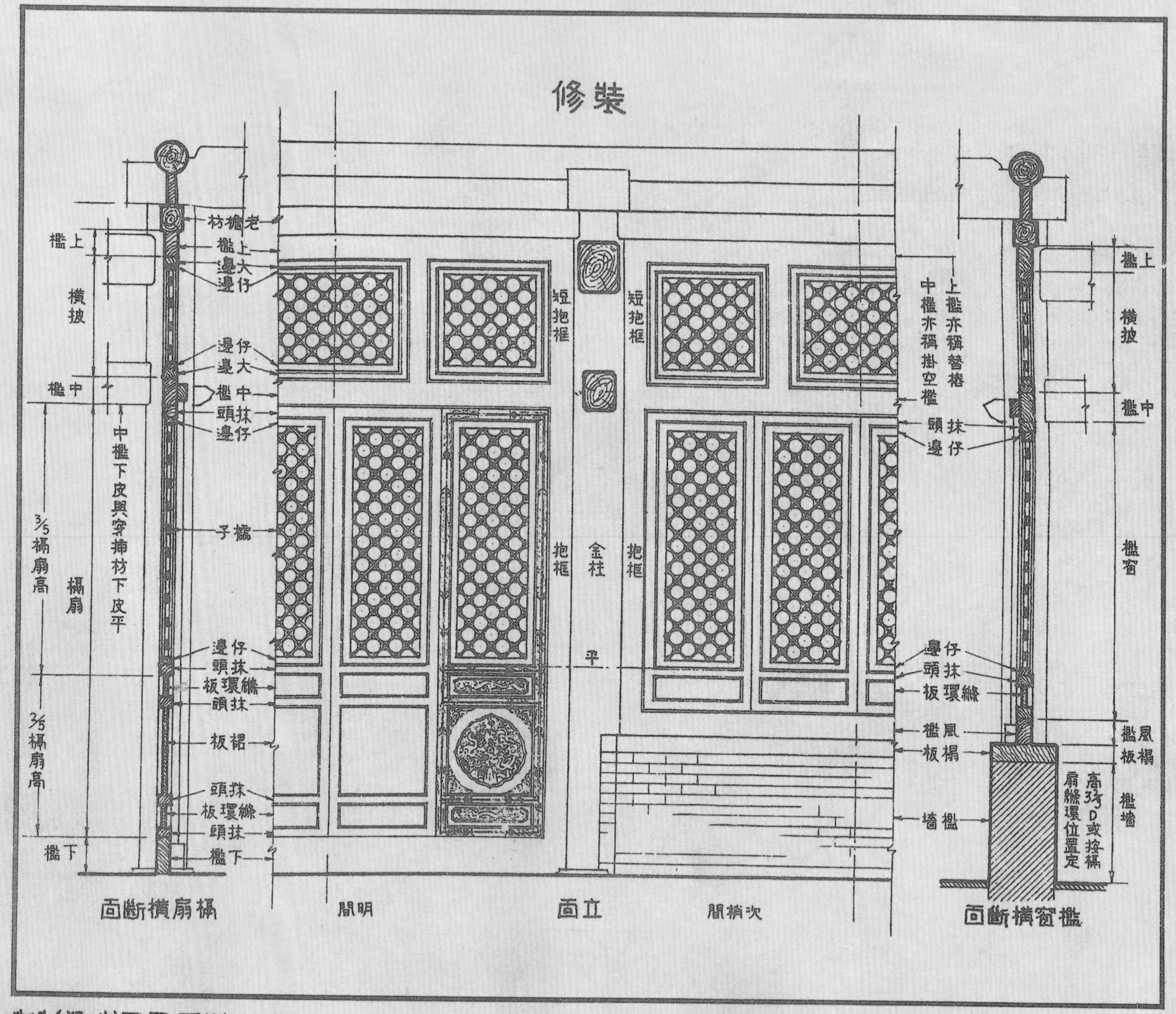
裝修
老檐枋
上檻
大邊
仔邊
中檻
抹頭
橫披
槅扇
中檻下皮與穿插枋下皮平
3/5槅扇高
2/5槅扇高
裙板
絛環板
下檻
短抱框
抱框
金柱
上檻亦稱替樁
中檻亦稱掛空檻
風檻
榻板
檻牆
檻窗
高3/5 D或按槅扇絛環位置定
槅扇橫斷面
明間
立面
次梢間
檻窗橫斷面

清式營造則例圖版

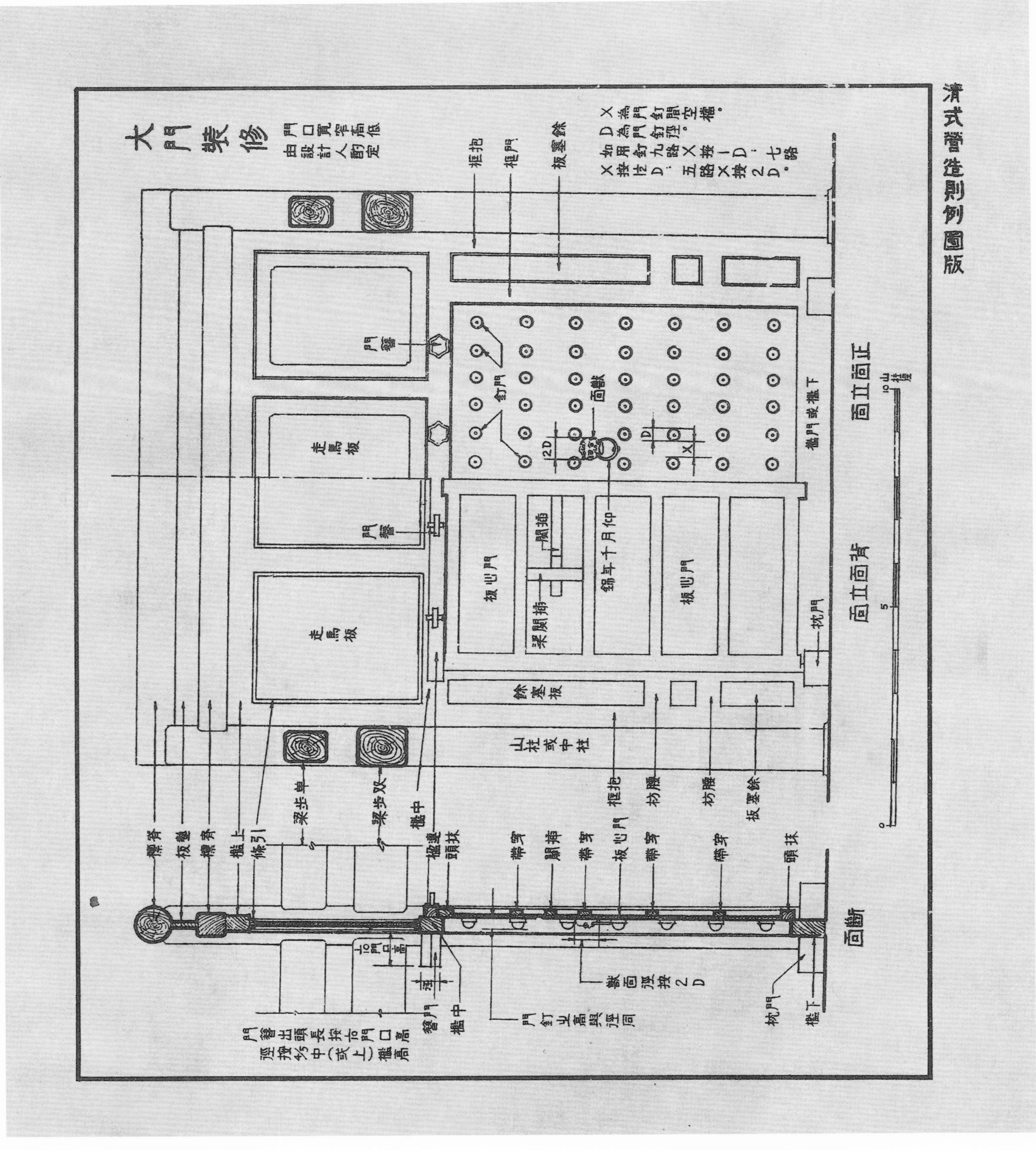
清式營造則例圖版
大門裝修
門口寬窄高低由設計人酌定
正立面
背立面
斷面

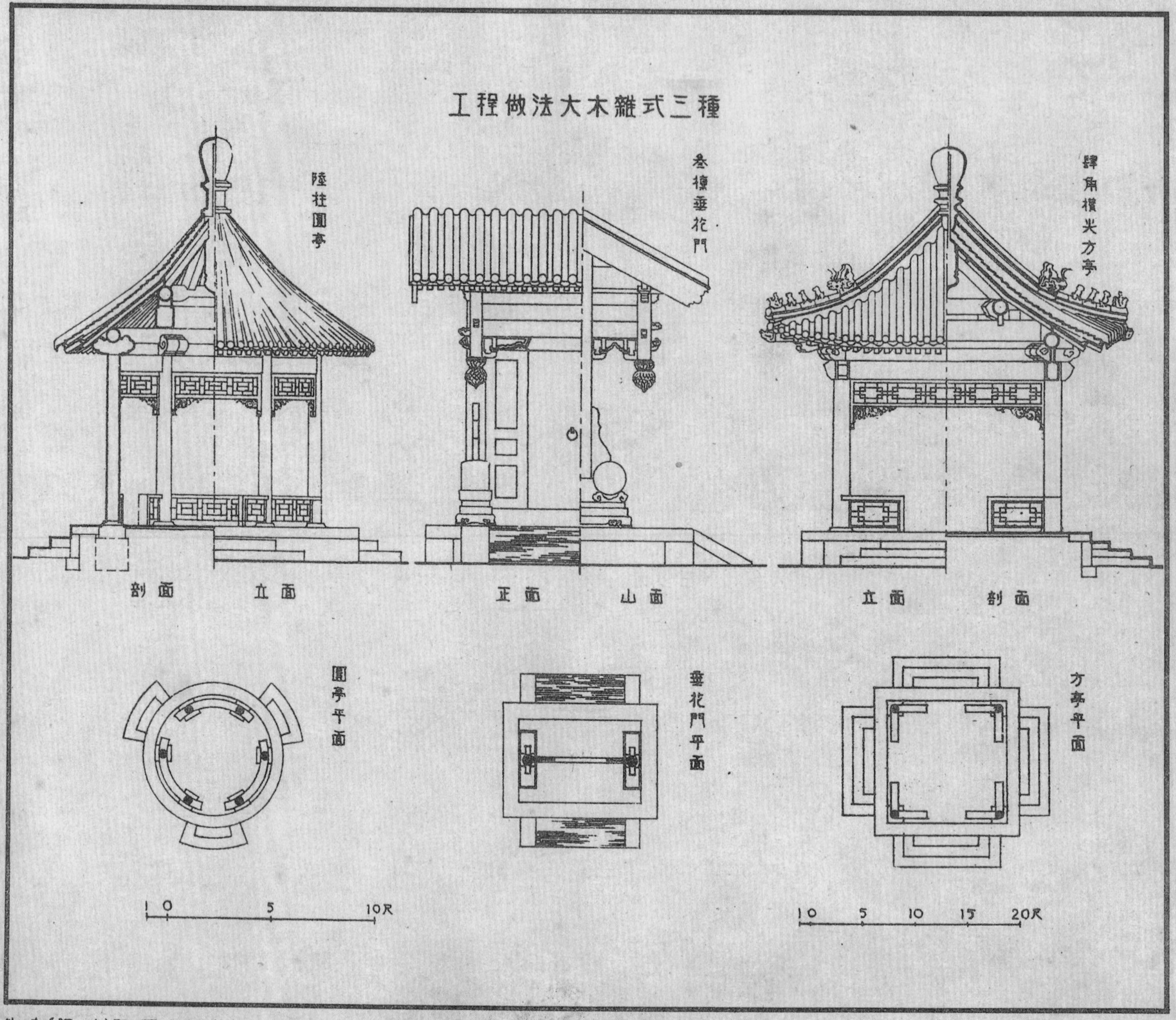
工程做法大木雜式三種
陸柱圓亭
叁檁垂花門
肆角攢尖方亭
剖面
立面
正面
山面
立面
剖面
圓亭平面
垂花門平面
方亭平面
1 0 5 10尺
10 5 10 15 20尺

清式營造則例圖版

和璽彩畫

和璽為彩画制度中之最尊者，適用於宮殿或廟宇。明間上藍下綠，兩旁次梢間則藍綠上下互換分配，故次間上綠下藍，梢間又上藍下綠。由額墊板概用紅色。平板枋若用藍色則画『跑龍』，若用綠色則画『工王雲』。

各部名稱参看本文及插圖。

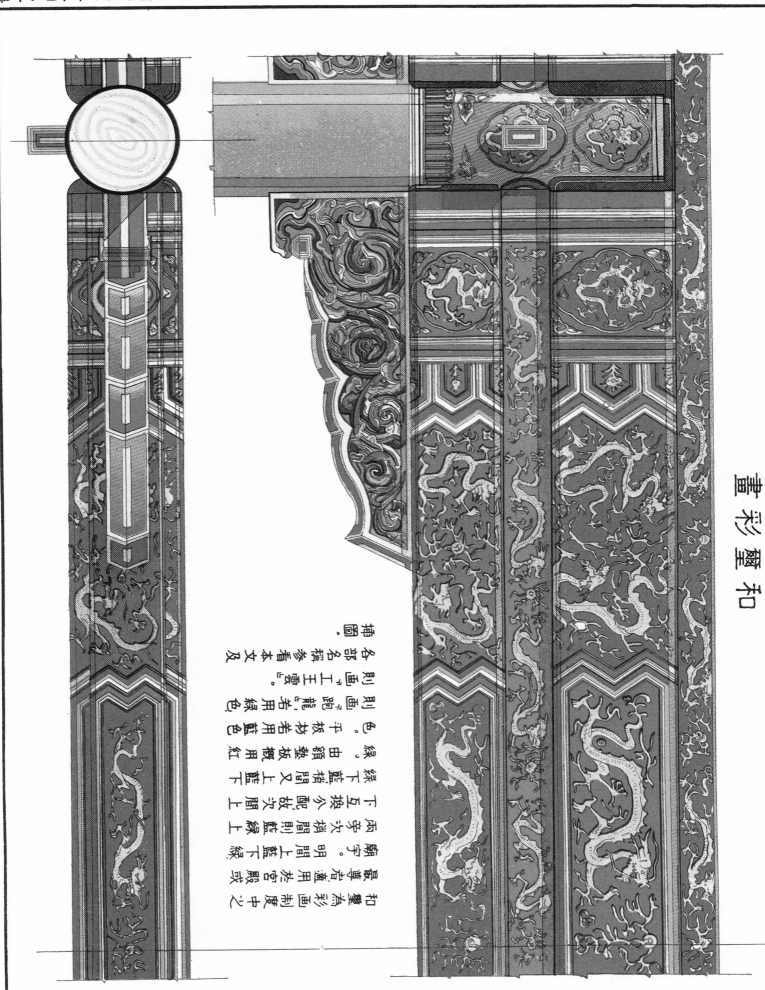

旋子彩画制度比較

金琢墨石碾玉

花瓣亦藍綠色皆退暈
一切線路輪廓皆用金線

煙琢墨石碾玉

藍綠退暈花心菱地點金
花瓣輪廓用墨線

金線大點金

線路花心菱地點金
墨大線點金與此同惟線路用墨

墨線小點金

線路用墨花心點金
金線小點金與此同惟線路用金

雅伍墨

不用金

旋子彩画制度共分七等

一 金琢墨石碾玉
二 煙琢墨石碾玉
三 金線大點金
四 墨線大點金
五 金線小點金
六 墨線小點金
七 雅伍墨

箍頭與楞心顏色必須相同即以此為本枋之主要色。例如明間上藍下綠即謂大額枋箍頭與楞心俱為藍色，小額枋箍頭與楞心俱為綠色。

彩画各部名稱及蓮瓣路數分配法參看本文及插圖。

本圖以一整二破為例。

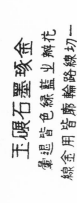

大點金龍錦枋心彩畫

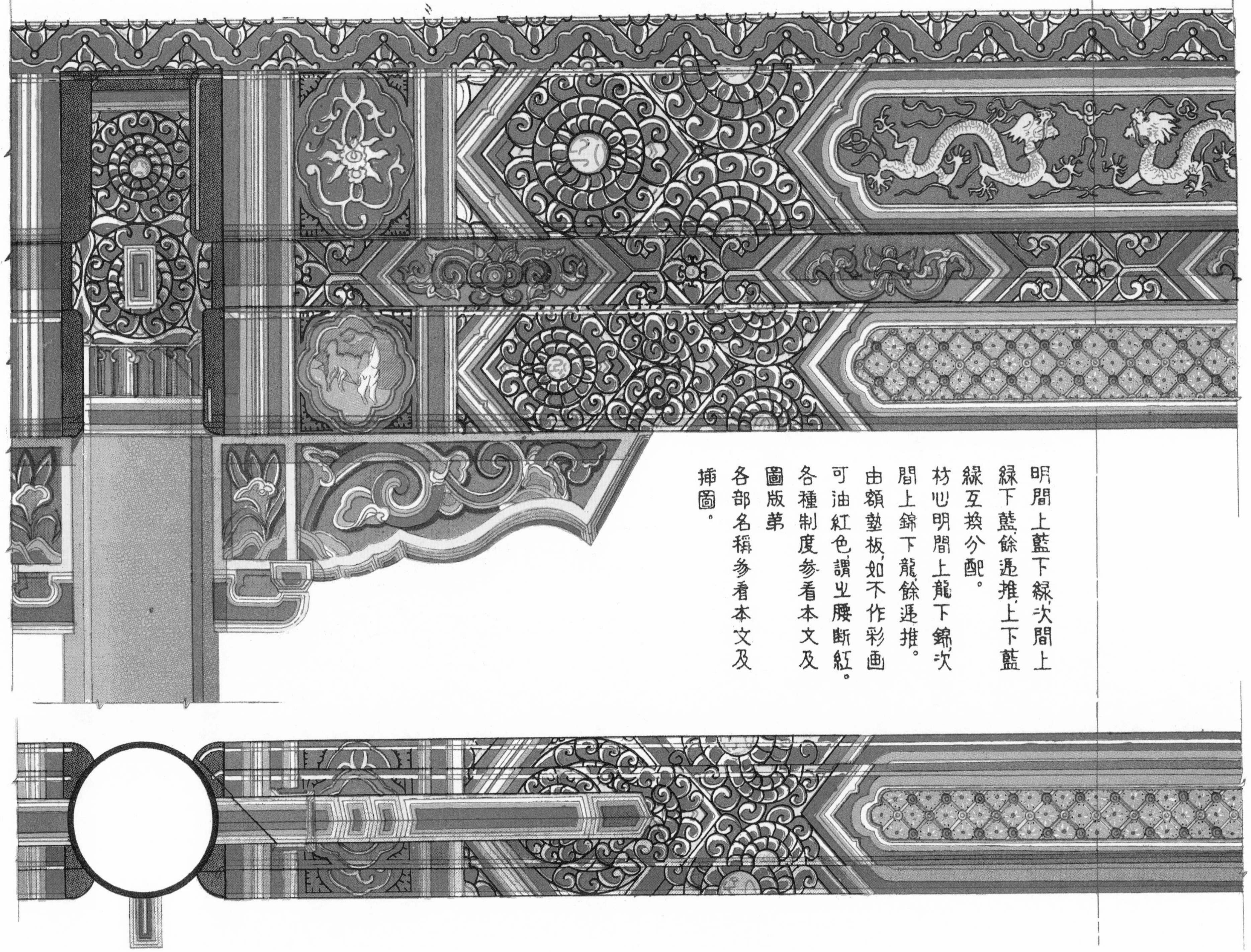

明間上藍下綠，次間上綠下藍，餘遞推，上下藍綠互換分配。
枋心明間上龍下錦，次間上錦下龍，餘遞推。
由額墊板，如不作彩画可油紅色，謂之腰斷紅。
各種制度参看本文及圖版第
各部名稱参看本文及插圖。

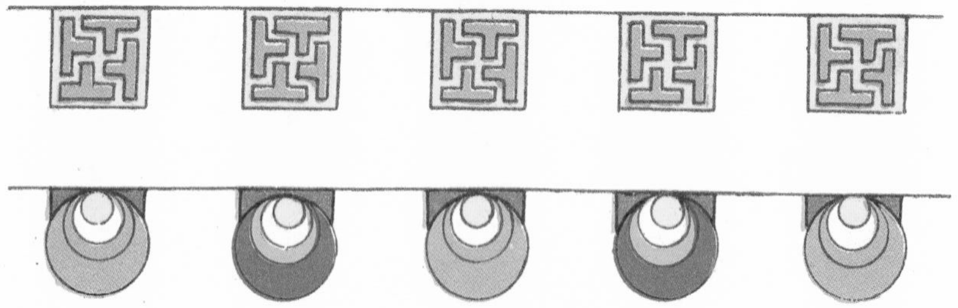

清式營造則例圖版

彩畫命題的有金字萬字等，方圓的有圓壽字龍眼寶珠的樣子彩畫甚多。椽頭與圓椽多用花草等。椽子花變龍或萬龍，椽頭菱花宮殿所用以方椽宜壽字花卉，花井玉欄杆拾斜達花，宮殿所用壽字甚多等以圓椽，方椽的命題最為嚴宜。眼珠寶為眼

画彩頭椽

彩畫斗拱及墊拱板

斗拱多用藍綠二色。斗用藍則拱用綠，斗用綠則拱用藍，藍綠相間，角科斗拱則用介於二色之間地墨或墨斗拱普通畫流雲或升斗綠色。若升斗藍則拱昂邦綠，若升斗綠則拱昂邦藍色。斗拱周角用金線或墨綠色。拱昂柱頭科升斗每配。精細者升斗上可通畫花樣，但嚴謹普通平見。墊拱板地色多鮮明，紅色黃色者亦有，但地色多鮮明。墊拱板彩畫多龍鳳寶珠福壽等祥瑞象徵。花拱板多龍鳳寶珠福壽等祥瑞象徵。

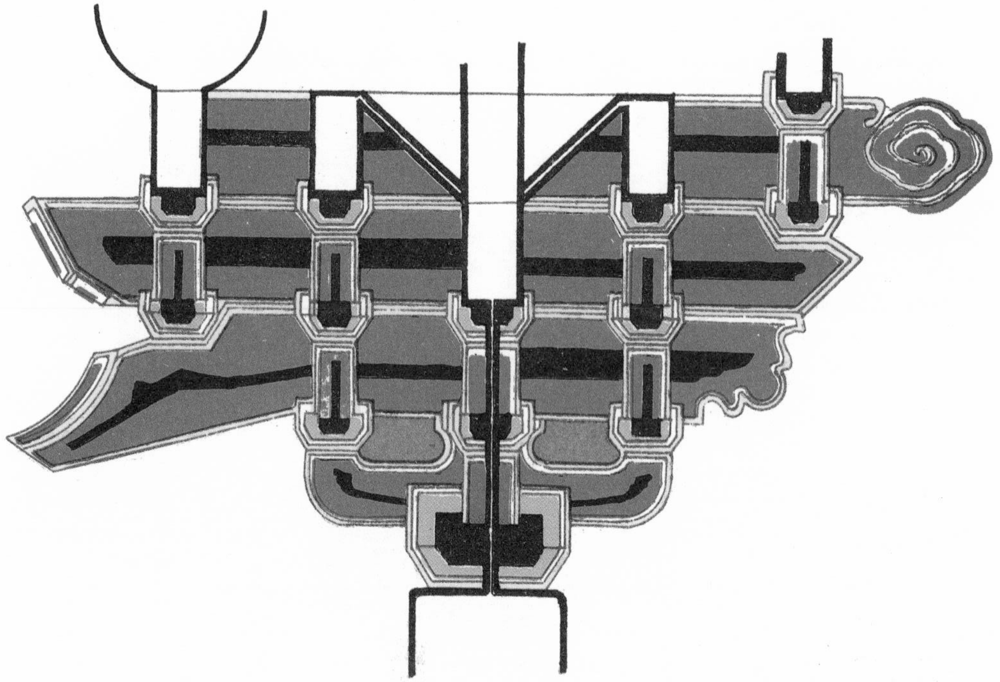

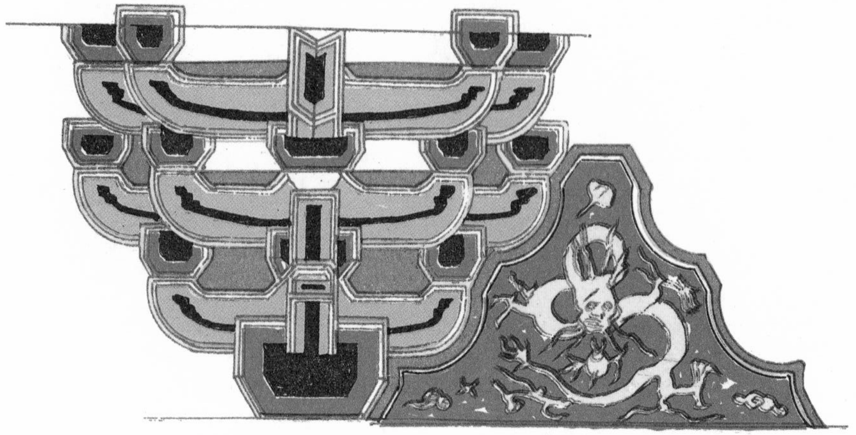